AF391301

ÉCHALAS

PAISSEAUX ET LATTES (MÉDOC),

REMPLACÉS

PAR DES LIGNES DE FIL DE FER, MOBILES.

DÉPOTS : A PARIS,

Chez MM. les Principaux Mᵈˢ Grainiers, q. de la Mégisserie et q. aux Fleurs;

A ORLÉANS,

Chez MM. Transon-Gombault et Dauvere, pépiniéristes;

A PONTOISE,

Chez M. Lemit, pharmacien;

A VAURÉAL, près PONTOISE,

Chez l'Auteur.

Paris. – Imprimerie de Beaulé, rue François Miron, 8.

ÉCHALAS

PAISSEAUX ET LATTES (MÉDOC),

REMPLACÉS PAR

DES LIGNES DE FIL DE FER, MOBILES,

Établies au printemps et enlevées à l'automne,

A LA MÉCANIQUE,

OU

Nouvelle manière de soutenir les Vignes des vignobles, d'une exécution prompte, facile, économique, durable et hâtant la maturité du raisin; plus particulièrement applicable aux Départemens viticoles du centre de la France et au Médoc, département de la Gironde;

PAR ANDRÉ-MICHAUX,

Chevalier de l'ordre royal de la Légion-d'Honneur, Membre Correspondant de l'Institut pour l'Académie royale des Sciences, Membre de la Société royale et centrale d'Agriculture, de celle du département de Seine-et-Oise, de la Société Philosophique américaine de Philadelphie, etc.

Un savant agronome, dont s'honore la France, a dit, il y a bientôt un siècle, que celui qui aura trouvé le moyen de se passer d'échalas aura bien mérité du pays, et que son nom sera à tout jamais en mémoire aux vignerons. R. T.

Prix, avec figures, 2 francs.

A PARIS,

Chez BOUCHARD-HUZARD, rue de l'Éperon, 7;   AUDOT, rue du Paon, 8.
BIXIO, rue Jacob, 26;   DENTU, au Palais-Royal, galerie d'Orléans, 3
Mme Ve BERTRAND, rue Hautefeuille, 23;   HECTOR BOSSANGE, quai Voltaire, 11.

1845.

ÉCHALAS-PAISSEAUX-LATTES (MÉDOC),

REMPLACÉS par des Lignes de Fil de fer, mobiles : établies au printemps et enlevées à l'automne, à la mécanique, ou nouvelle manière de soutenir les Vignes basses des vignobles, facile, économique, durable, et hâtant la maturité des Raisins.

Par ANDRÉ-MICHAUX, Membre de la Société Royale et Centrale d'Agriculture, de celle du département de Seine-et-Oise, etc., etc.

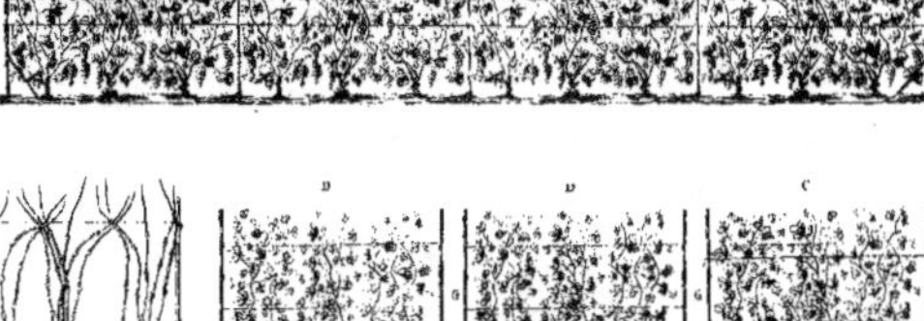

INSTRUCTION.

Placement des Lignes de Fil de fer et des Supports.

Déplacement des Lignes de Fil de fer.

Accoler la Vigne.

Épamprer la Vigne.

REMARQUE.

AUTRE REMARQUE.

BASE DU PRIX DE REVIENT pour la nouvelle manière de soutenir les vignes des vignobles.

EXEMPLE.

PRIX DE REVIENT (fil de fer et supports) pour soutenir UN hectare (2 arpents, 3 journaux) de vignes.

AVIS.

SE TROUVE À PARIS.

PRIX ÉTABLI EN RAISON DE L'ESPACE DONNÉ ENTRE LES CEPS.

ÉCHALAS

REMPLACÉS PAR

DES LIGNES DE FIL DE FER, MOBILES,

ÉTABLIES AU PRINTEMPS ET ENLEVÉES A L'AUTOMNE,

A LA MÉCANIQUE.

PREMIÈRE PARTIE.

Dans toute industrie, agricole ou manufacturière, la première condition de réussite est non seulement le savoir appuyé de l'expérience, mais encore l'économie. C'est le premier bénéfice obtenu : or c'est ce point important qui fait le sujet de ce mémoire. Il s'agit de réduire dans une grande proportion la dépense pour ainsi dire ruineuse, dans laquelle entraîne un des accessoires regardé jusqu'à présent comme indispensable à la culture des vignes basses, celle des échalas ou paisseaux, des carrassonnes et des lattes (Médoc, département de la Gironde) employés au moins pour le cinquième de la totalité des vignes, qui d'après la statistique du royaume dépasse deux millions deux cent mille hectares (*quatre millions quatre cent mille arpents, six millions de journaux*).

Remplacer les échalas et les paisseaux par un moyen plus approprié à l'objet auquel ils sont destinés, sans en avoir aucun désavantage, ne pourra qu'être très profitable à ceux qui l'emploieront. Les vignes en été offriront alors un aspect aussi agréable qu'il l'est peu dans cette saison où elles sont garnies de ces milliers de bâtons secs, souvent inégaux dans leur longueur, et fréquemment à moitié pourris.

De l'adoption du moyen que je propose, il en résultera que les travaux indispensables que demande la vigne dans le cours de l'année seront rendus beaucoup plus faciles et moins dispendieux. Il allégera de toute manière le malheureux vigneron, qui aujourd'hui n'est payé nulle part, de ses fatigues et de ses avances.

Le nouveau système dont il est ici question consiste à substituer à l'échalassement le plus ordinaire dans le centre de la France, des lignes de fil de fer soutenues par de forts échalas. A ces lignes de fil de fer sont attachés les pampres ou bourgeons. Elles sont placées à chaque printemps et enlevées à l'automne suivant au moyen d'un moulinet assez semblable à un dévidoir ordinaire, d'une construction simple et d'un prix très modique, comme de 4 à 5 fr., du poids de 4 à 5 kil. Ce travail se fait facilement, sans efforts et avec une promptitude remarquable ; il revient par conséquent à moitié meilleur marché que l'aiguisage, le fichage et le défichage des échalas.

Pour l'application de cette nouvelle manière de soutenir les vignes des vignobles, il est nécessaire qu'elles soient plantées par rangées parallèles , c'est du reste ce qui existe déjà presque dans tous les départements du centre, quoique moins généralement dans ceux de Seine-et-Oise, de la Seine, de Seine-et-Marne ; mais on y abandonne successivement cette manière de planter en fosse, qui a pour résultat définitif d'avoir les ceps placés irrégulièrement , sans ordre, et à des intervalles inégaux : méthode vicieuse qui rend les travaux de culture plus pénibles et plus coûteux, et encore parce que sur la même surface on ne plante pas un plus grand nombre de ceps que lorsqu'ils sont par rangées parallèles.

On objectera sans doute que le moyen que je propose est connu depuis long-temps , qu'il est employé dans beaucoup de jardins pour remplacer les treillages en bois et soutenir les contre-espaliers en chasselas, enfin qu'il a été essayé dans plusieurs vignobles et notamment par M. de Macheco dans le département de la Haute-Loire.

Tout ce qu'on a dit ou écrit à cette occasion n'est vrai qu'en partie, car dans les jardins et pour les vignes, les lignes de fil de fer et les pieux pour les soutenir auxquels elles sont attachées ou clouées, ont été placées *pour rester à demeure*. C'est à leur permanence dans la vigne toute l'année que doit être attribuée la seule cause pour laquelle ce moyen n'a eu jusqu'à présent qu'un très petit nombre d'imitateurs. Elles seraient un empêchement à l'exécution facile des travaux si multipliés qu'elles exigent. D'une autre part on ne soupçonnait pas qu'il fût possible de pouvoir placer et déplacer, avec la plus grande facilité et en quelques heures, de 15 à 20,000 mètres de lignes de fil de fer.

Je ne doute pas que la mise en pratique de ce nouveau système de soutenir les vignes, prouve qu'il est encore plus favorable aux intérêts des propriétaires que tout ce que je puis en avoir dit et que les calculs que j'ai établis, pour le démontrer, sont inférieurs à ce qu'en fera voir son application ; c'est du reste ce dont pourra s'assurer le plus pauvre vigneron en en faisant l'essai sur une longueur de 100 mètres (307 *pieds* 10 *pouces*), essai qui lui coûtera 2 fr. 28 c. si sa vigne est accolée à *un* lien, et 3 fr. 57 c., si elle l'est à *deux*.

A l'occasion de cette nouvelle application qui doit venir si puissamment en aide à l'une des branches les plus importantes de nos richesses territoriales, je me permettrai de reproduire ici une remarque qui déjà a été faite plusieurs fois, c'est que bien rarement, celui qui est l'auteur d'une invention, en fait lui-même l'application, qu'il la porte de suite à la perfection dont elle est susceptible : cet avantage est presque toujours réservé à ceux qui viennent plus tard. Mis sur la voie, au moyen de quelques légères modifications, ils approchent de la perfection dé-sirée ; ils en recueillent si non tout entier l'honneur, du moins les bénéfices pécuniaires. De longues méditations, des sacrifices faits souvent aux dépens du nécessaire, accompagnés de critiques mal placées de la part de gens témoins de beaucoup d'efforts... voilà la part de l'inventeur.

Voulant donc prendre date pour me conserver de la manière la plus positive et la plus incontestable, tout le mérite de cette importante innovation, dont les résultats si remarquables et le succès les plus complets reposent tout entier *sur l'emploi du moulinet*, dont j'ai conçu l'idée pour placer au printemps et enlever à l'automne les lignes de fil de fer avec une étonnante rapidité, j'ai demandé et obtenu un brevet d'invention sous la date du 15 mai 1844 ; déclarant ici hautement et de la manière la plus explicite, que je n'ai jamais eu un seul instant l'intention d'user de la faculté que me confère la loi pour retirer de cette invention le plus léger produit pécuniaire ; je m'estimerai au contraire heureux, d'avoir trouvé le moyen de venir en aide à mille pauvres vignerons , qui, dans l'application qu'ils en feront à leurs vignes, leur procurera une économie en argent qui égalera quelquefois deux et souvent trois fois le montant annuel de leurs impositions ; mais aussi d'une autre part , ce serait avec reconnaissance que je recevrais les récompenses dont je serais jugé digne pour une application toute nouvelle, qui promet d'être généralement utile.

REMARQUE.

Pour bien faire apprécier , seulement sous le seul point de vue de l'économie en argent, les avantages qui seraient la conséquence de l'adoption du système d'échalassement que je propose, je donne ici ce qu'en serait le résultat , pour les quatre départements les plus rapprochés de la capitale, et quelques communes. Pour les départements plus éloignés, la comparaison devra être prise préférablement sur celui de l'Yonne.

Je dois faire encore remarquer que dans ces états comparatifs, je me suis réglé sur le prix moyen auquel se vendent les échalas : et pour l'espacement entre les ceps, sur l'intervalle donné le plus ordinairement, car, sous ce double rapport, il existe quelquefois une grande différence dans le même arrondissement.

Le résumé comparatif des dépenses présentées ci-après entre les deux modes d'échalassement dont il est ici question, est applicable aux quatre départements qui suivent : Seine, Seine-et-Oise, Seine-et-Marne et l'Yonne qui ensemble possèdent 68,809 hectares de vignes. Il établit de la manière la plus évidente, par les détails subséquents et très-circonstanciés dans lesquels je suis entré, pour ce qui concerne chacun d'eux, les avantages importants qui seraient la conséquence de l'adoption du mode proposé, lequel, ainsi que j'ai eu l'occasion de le dire, est applicable à au moins 400,000 hectares de vignes (800,000 *arpents*, 1,200,000 *journaux*).

RÉSUMÉ COMPARATIF de la Dépense entre les deux modes d'échalassement pour les quatre Départements ci-après désignés :

DÉPARTE-MENS.	NOMBRE d'hectares.	NOMBRE D'ÉCHALAS.	PRIX des échalas.	Prix des fils de fer et des supports.	ÉCONOMIE Sur le prix des échalas.	NOMBRE des supports.	nombre des échalas économisés.
Seine. . . .	2,784	066,816,000	04,176,000 fr.	1,980,425 fr.	2,195,573 fr.	8,686,080	058,129,120
Sne-et-Oise .	12,000	288,000,000	11,520,000	6,185,088	5,334,911	37,440,000	250,560,000
Sne-et-Marne	18,025	432,600,000	16,222,500	11,262,264	4,960,236	56,238,000	376,362,000
Yonne. . .	36,000	720,000,000	27,000,000	15,768,000	11,232,000	108,000,000	612,000,000
	68,809	1,507,416,000	58,918,500	35,195,777	23,722,721	210,364,080	1,297,051,120

DÉPENSE ANNUELLE comparée entre celle pour le fichage et le défichage des échalas , et celle pour le placement et le déplacement des lignes de fil de fer.

DÉPARTEMENS.	HECTARES.	PRIX du système actuel.	PRIX du nouveau système.
Seine	2,784	100,224 fr.	50,112 fr.
Seine-et-Oise . . .	12,000	360,000	180,000
Seine-et-Marne. . .	18,025	432,600	216,300
Yonne.	36,000	720,000	360,000
	68,809	1,612,824	806,412

Ce résumé de la dépense pour chacun des deux modes d'échalassement, dont il est ici question, fait voir que pour les 68,809 hectares de vignes qui existent ou à peu près sur l'étendue du territoire des quatre départements indiqués ci-dessus, pour soutenir les ceps, il faut 1 milliard, 507 millions, 416 mille échalas, nombre qui, par suite du nouveau mode proposé serait réduit à 210 millions, 364 mille 80 ; par conséquent, on épargnerait l'achat de 1 milliard, 297 mille, ou 151 mille 920, dont la valeur serait : 23 millions, 722 mille 721 francs.

Si, 68,809 hectares offrent un pareil résultat, quel serait celui pour plus de 300,000 hectares auxquels ce nouveau système de soutenir les vignes peut être appliqué?

DEUXIÈME PARTIE.

C'est une chose généralement connue de toutes les personnes qui, en France, se sont occupées d'économie publique et encore de celles qui ont acquis des connaissances plus particulières sur ses productions territoriales, qu'après la culture des céréales, celle de la vigne est la plus étendue et la plus productive.

Il résulte des relevés statistiques les plus récents, que des 86 départements qui composent le territoire français, il y en a 75 où la vigne est cultivée, quoique dans des proportions différentes, en raison de la température du climat. 11 départements se trouvent donc, par leur position géographique, trop avancés vers le nord, pour qu'on puisse se livrer à cette culture avec quelque espérance de succès.

Combien donc doit être considérable le produit de nos vignobles, et par suite la consommation des vins qui se fait à l'intérieur? Elle doit être probablement de plusieurs millions d'hectolitres.

Nos vins sont encore une des branches les plus lucratives de nos exportations. Elles excédaient autrefois annuellement une valeur de plus de cent millions : mais ces temps de prospérité commerciale, qui enrichissaient les propriétaires de vignes, et répandaient

l'aisance chez les vignerons, ont commencé à décroî-
tre depuis plusieurs années. C'est au moins ce qui
paraîtrait résulter des plaintes si souvent renouvelées
sur l'abaissement successif du prix des vins.

Cette cause de malaise des propriétaires des vignes
paraîtrait devoir être attribuée aux frais considérables
qu'entraîne avec elle cette culture et aux accessoires
qui lui sont indispensables ; lesquels réunis, tendent
plutôt à s'accroître qu'à suivre la diminution pro-
gressive du prix des produits.

En effet, il n'est aucun genre de grande culture
qui exige des travaux plus pénibles, plus assidus,
plus sujets à être recommencés eu égard à la varia-
tion des saisons, et encore tout bien exécutés qu'ils
soient, et faits en temps convenables, finissent-ils
trop souvent par être en pure perte, par les effets
d'une gelée tardive qui en un instant enlève aux vignerons toute espérance de rémunération.

Mais avant de faire connaître cette nouvelle manière que je propose pour remplacer l'échalassement
le plus ordinaire (*un* échalas pour chaque cep), je
présenterai quelques considérations sur la vigne.

Les recherches faites par de savants agronomes,
sur l'origine des plantes et des arbres cultivés en Europe pour les besoins de l'homme et la nourriture des
animaux domestiques, ont établis que pour le plus
grand nombre, nous en sommes redevables à cette
partie de l'Asie comprise entre les 30ᵉ et 44ᵉ degrés de
latitude nord. C'est entre ces deux parallèles que
se trouvent l'Arménie, la Caramanie, la Géorgie asia-

tique et les provinces septentrionales de la Perse ; contrées regardées par les historiens sacrés comme le berceau du genre humain.

Ces recherches historiques se trouvent confirmées par les voyageurs naturalistes qui depuis un demi-siècle ont visité ces contrées ; ils y ont trouvé encore, à l'état sauvage, le pêcher, l'abricotier, le prunier, le cerisier, le noyer, et plusieurs espèces de vignes.

Les vignes, comme dans les parties de l'Amérique septentrionale , qui jouissent de la même température , quoiqu'elles ne soient pas situées sous la même latitude , s'élèvent et couronnent la cime des arbres les plus élevés , ou encore elles rampent sur terre comme celles de quelques espèces américaines que j'ai observées dans les vastes prairies naturelles qui existent dans les États de l'ouest, au delà des monts Alléghanys.

La culture de la vigne remonte à la plus haute antiquité. De toutes les plantes tirées des forêts par l'homme, et soumises par lui à la culture , c'est la première qui soit nominativement désignée dans la Genèse. *Noé , aussitôt après le déluge , fit du vin ,* etc. (Chap. ix, ver. 21.)

Les ouvrages de l'antiquité payenne offrent aussi la preuve que la vigne a été cultivée aux époques les plus reculées.

Cette longue et ancienne culture de la vigne a donné naissance à un grand nombre de variétés , quant à la forme des feuilles, à la grosseur, à la couleur et à la saveur des grains qui composent les grappes. Ces variétés dépassent le nombre de 800. Toutes, très probablement, tirent leur origine de dix ou douze espèces distinctes, qui existaient à l'état sauvage aux premiers âges du monde, et dont la moitié a fini par disparaître des diverses parties de l'Asie que j'ai indiquées. Dans l'ancien continent, la vigne est cultivée à l'état de vignoble du 25ᵉ au 57° degré de latitude nord, ce qui embrasse une étendue de près de 260 myriamètres (*environ* 700 *lieues*).

Chiras, en Perse, dont les vins sont si renommés par leur excellence, et les environs de Coblentz, sur le Rhin, sont, dans l'ancien continent, les deux points les plus extrêmes du midi au nord de la culture de la vigne. Mais il est à remarquer que dans cette vaste étendue de pays ce n'est que du 25ᵉ au 44ᵉ degré, ou sur environ 181 myriamètres (475 *lieues*), que la vigne n'est jamais exposée à souffrir des froids, et qu'elle croît avec cette vigoureuse végétation qu'on lui connaît. Abandonnée à elle-même, elle se reproduirait naturellement par les pepins de ses grappes, ce qui n'aurait pas lieu du 44ᵉ au 57ᵉ degré ou pour un espace de 75 myriamètres (200 *lieues*); car dans cet intervalle elle est d'autant plus sujette à souffrir des vicissitudes atmosphériques qu'on avance vers le nord; son existence n'y est donc due qu'aux travaux pénibles que l'homme laborieux y consacre.

En France, le point plus avancé vers le nord, où la vigne est cultivée, se trouve être aux environs de Sédan (Ardennes), sous la latitude de 50 degrés.

Cette éventualité des produits de la vigne dans cette

partie de l'Europe , ou plutôt de la France que je viens d'indiquer, n'empêche pas qu'on se livre à sa culture avec ardeur, et tout inférieur en qualité que soit le vin qu'on y récolte, il est encore préféré aux boissons des pays septentrionaux : le cidre et la bière.

Mais ce qui est très remarquable, c'est que les plus excellents vins, les plus appréciés dans le monde entier sont produits par la France , et dans les limites placées à plusieurs degrés, vers le nord où les vignes qui les fournissent cesseraient de croître, si l'homme ne s'occupait continuellement de leur entretien ou de leur renouvellement, car, quelque hiver très rigoureux, finirait, après un laps de temps assez court, par les détruire entièrement.

La vigne, plante sarmenteuse et grimpante qui , comme je l'ai dit précédemment , s'élève dans son état naturel sur les plus grands arbres , soumise à la culture a dû nécessairement être restreinte dans sa végétation , non seulement pour faciliter la récolte de ses fruits, mais plutôt encore parce qu'une longue expérience a appris qu'au-delà du 44e degré , pour hâter la maturité des grappes , elles doivent être maintenues aussi rapprochées de terre que possible , sans cependant qu'elles y touchent : elles éprouvent alors les bienfaits de la chaleur communiquée au sol par les rayons du soleil, et qui leur est réfléchie.

C'est à la pratique de la taille appliquée à la vigne qu'on doit de pouvoir placer sur un espace de terrain très-circonscrit, le grand nombre de ceps qu'on plante par hectare ou tout autre mesure, mais qui, cependant varie en raison de la température du climat, de l'espèce de vigne, de la nature du sol, et autant encore par l'usage local, qui le plus souvent n'est véritablement pas appuyé sur une expérience éprouvée. Ainsi, dans les départements du midi, le plus ordinairement on plante par hectare de 5 à 6,000 ceps; dans ceux qui se composent de la ci-devant Bourgogne, de la ci-devant Champagne et de l'Orléanais, de 16 à 24,000; dans les départements de Seine-et-Marne, de Seine-et-Oise et de la Seine, le nombre s'élève quelquefois à 40,000.

Dans les départements du midi, le climat est si favorable à la végétation de la vigne, qu'elle n'a besoin d'être soutenue que jusqu'à la cinquième année de sa plantation : mais à mesure qu'on s'avance dans l'intérieur, où la température est moins élevée, elle a besoin de l'être plus long-temps, comme jusqu'à la vingtième année, et dans toutes les parties de la France, les plus septentrionales que j'aie désignées ci-dessus, il devient indispensable qu'elle le soit toujours et à chaque printemps à partir de la troisième ou quatrième année de la première plantation.

« La méthode de cultiver la vigne, soutenue avec des échalas, dit M. Chaptal, est moins un usage qu'une nécessité commandée par la température locale. L'échalas appartient aux pays froids, où la vigne a besoin de toute la chaleur du climat; mais un des inconvénients de son emploi est que les vents abattent les ceps, les renversent, et que les grappes pourrissent. »

Si, dans le centre de la France, et plus avant vers le nord, on voit des vignes qui ne sont pas échalassées, c'est parce que les ceps sont très vieux et assez élevés pour pouvoir s'en passer, ou le plus souvent parce que beaucoup de vignerons sont si pauvres, qu'ils ne peuvent pas acheter des échalas; alors ils sont réduits à attacher ensemble les sommets des ceps les plus voisins.

Par les deux causes que je viens d'indiquer, on peut évaluer à un vingtième les vignes non échalassées, qui devraient l'être, dans cette partie de la France.

Il résulte de ce qui précède, que sur 2,000,000 d'hectares (4,400,000 *arpents*, 6,000,000 *de journaux de* 32 *à* 33 *ares*) qui, comme je l'ai dit, sont consacrés à la vigne, il s'en trouve approximativement 420,000 hectares (840,000 *arpents*) les plus avancés vers le nord, dont il est indispensable de soutenir les ceps toute l'année.

Pour cette dernière proportion, plusieurs manières très différentes sont employées, soit à cause de la variété des vignes, de la nature du sol, de la température du climat, soit enfin de l'usage local.

Mais avant de décrire celle que je propose de leur substituer comme offrant le double avantage, d'abord de concourir plus favorablement aux produits de la vigne, et ensuite à cause d'une grande économie d'argent, je crois devoir faire connaître les sortes d'échalassements les plus usitées.

1er *Moyen*. Sur quelques points de nos départements méridionaux, on se contente de rapprocher les sommités des bourgeons des ceps les plus voisins et de les lier ensemble. Ainsi réunis, ils se soutiennent réciproquement : dans cette partie de la France où il fait très chaud en été, et dont les terrains vignobles sont généralement très secs, ce moyen peut très bien être employé. Les grappes soutenues sous cette espèce de petit berceau jouissent d'une certaine fraîcheur qui contribue à leur développement sans en retarder la maturité.

Cette manière de soutenir les vignes des vignobles, qui peut très bien convenir dans les parties de la France où elle est en usage, serait très préjudiciable dans les départements du centre et dans ceux plus au nord, où il faut, pour que les raisins arrivent à leur plus complète maturité, une saison sèche et un soleil ardent, surtout vers la fin de l'été, lorsque les nuits commencent à être longues, froides et humides.

2ᵉ *Moyen*. Dans quelques vignobles de la vallée du Rhône, un échalas est placé à l'un des ceps : les bourgeons des trois les plus voisins en sont rapprochés et réunis ensemble par un seul lien d'osier. Ils ressemblent alors un peu à une pyramide triangulaire. Ils se soutiennent ainsi réciproquement, et sont moins exposés à être renversés par l'action des grands vents. Les échalas restent toute l'année dans la vigne.

3ᵉ *Moyen*. Dans plusieurs départements, comme dans ceux de l'Allier, du Loiret, près d'Orléans, on trouve des vignobles dont les ceps ont acquis assez de force pour ne plus avoir besoin de tuteurs. Les bourgeons s'étendent horizontalement et en rayons, à la distance de 1, 2 ou 3 mètres (3, 6 *et* 9 *pieds*); chacun d'eux est soutenu par un échalas, ce qui en nécessite 3, 4 et 5 par chaque cep.

Ces vignes ne sont pas ébourgeonnées au printemps; et dans le cours de l'été, on ne leur donne aucune façon. Cette manière de soutenir les vignes présente la plus grande confusion. Cependant dans les bonnes années, elles produisent d'abondantes vendanges.

4e *Moyen.* Dans quelques arrondissements des départements qui se composent de la ci-devant Franche-Comté, et aux environs de Besançon, on voit des vignes palissadées sur des longues perches placées transversalement et fixées à des pieux : ces palissades sont beaucoup plus élevées que dans le Médoc.

Ce moyen de soutenir les vignes est bien conçu, et il est favorable à la maturité des raisins ; mais il occasione beaucoup de main d'œuvre. Il serait très dispendieux dans les départements du centre, où le bois est très cher, d'autant plus que ces treillages seraient à renouveler tous les huit ou dix ans.

5e *Moyen.* Dans le journal *le Cultivateur,* tom. xiv, février 1838, M. le comte de Macheco, propriétaire, près Brioude (Haute-Loire), donne la description d'un nouveau mode d'échalassement qu'il emploie pour ses vignes. Ce moyen consiste à placer, *à demeure fixe,* sur les rangées de ceps, des pieux de 1 mètre 50 centimètres (4 *pieds* 6 *pouces*) à 3 ou 4 mètres (9 à 12 *pieds*) d'intervalle entre eux. Ces pieux servent à soutenir des fils de fer de moyenne grosseur, cloués à leur sommet ; ils s'étendent sur toute la ligne, et ils y *res-*

tent toute l'année. Pour assurer la durée de ces fils de fer, M. de Macheco propose de les peindre.

Les ceps sont plantés en ligne, à la distance de 75 centimètres (27 *pouces*) ; au pied de chaque cep est enfoncé un court échalas, sur lequel s'appuient les bourgeons. Parvenus à la ligne de fil de fer, ils sont inclinés, dirigés horizontalement, et ils y sont attachés. Bientôt ils se joignent avec ceux du cep voisin, se confondent, s'entrelacent et finissent par former de grosses guirlandes, auxquelles, à la fin de l'été, se voient les grappes suspendues à 1 mètre au-dessus du sol.

M. de Macheco termine sa description par un compte de dépense de l'échalassement en usage dans le pays, qui consiste à placer un échalas à chaque cep, avec celui qu'il propose pour le remplacer. Il résulte de cette balance qu'il y aurait, en faveur de ce dernier échalassement, une économie de 20 francs par hectare, économie qui ne nous paraît pas assez importante pour engager les vignerons de son pays à l'accepter.

Du reste, on doit reconnaître que ce mode de soutenir les bourgeons est préférable à l'usage local ; mais il ne pourrait convenir plus avant vers le nord, où la vigne est taillée court, par les raisons que j'ai fait connaître précédemment.

Dans le département de la Haute-Loire, où réside M. de Macheco, on plante par hectare 2033 ceps, tandis que dans la ci-devant Bourgogne, la Champagne, l'Orléanais, aussi bien que dans les départements les plus au nord, sur la même surface on en plante de 10 à 40,000. La permanence des fils de fer pendant toute l'année dans les vignes s'opposerait à la circulation et à la facile exécution des travaux si souvent à renouveler dans le cours de l'année. Dans le centre de la France, le moyen proposé par M. de Macheco contrarierait par trop l'usage du pays : c'est aussi ce qui a fait que ce moyen n'a pas été imité. Un moyen très semblable avait été mis en usage aux environs de Lyon, vingt ans auparavant, par M. B...., aujourd'hui receveur des contributions directes à Paris. Les lignes de fils de fer étaient aussi, comme chez M. de Macheco, *placées à demeure fixe ;* elles étaient attachées à des tiges de fer enfoncées en terre. Ces tiges, de longueur et de hauteur convenables, étaient applaties ; elles présentaient la même résistance que si elles eussent été rondes ; mais elles étaient moins lourdes, par conséquent moins coûteuses.

6e *Moyen.* Dans quelques-uns des arrondissements du département de la Gironde, et plus particulièrement dans le Médoc, dont les vins sont si estimés par leur excellente qualité, les vignes sont tenues en treilles très rapprochées de terre. Elles sont disposées par rangées parallèles, dites *reges*, écartées d'environ 1 mètre (3 *pieds*) ; les ceps sur les lignes sont plantés à la même distance. Sur un *journal* (33 ares 33 centiares), on place 3,500 à 3,800 ceps, ou 11,400 par hectare (*voir l'article Médoc*).

7ᵉ *Moyen*. Près d'Orléans, sur la rive gauche de la Loire, les souches des ceps ont rarement plus de 30 à 40 centimètres de hauteur (1 *pied* ou environ); ils sont plantés à la distance de 50 à 75 centimètres (27 *à* 28 *pouces*). Au printemps ils sont taillés de manière à produire cinq ou six bourgeons; l'année suivante, les bourgeons sont supprimés, moins *un*, toujours le plus long et le plus fort. Sa longueur est ordinairement de 65 à 75 centimètres (24 *à* 30 *pouces*).

Les bourgeons de l'année sont attachés par deux liens à l'échalas. Quant à celui réservé, désigné par le nom de *gaule* ou *long bois*, il est d'abord attaché au bas de l'échalas, à la hauteur d'environ 33 centimètres (1 *pied*) au-dessus de terre, puis courbé en cercle, pour, son extrémité supérieure, être ramenée à l'échalas auquel il est de nouveau attaché, à 8 ou 10 centimètres (4 *à* 5 *pouces*) au-dessous de la première attache. Cette manière de fixer cet ancien bourgeon, dite *en anneau*, est bien entendue. Maintenues dans une situation, à peu près verticale, les grappes sont suspendues et ne sont pas entraînées à terre par leur propre poids; car elles sont toujours, comparativement, plus nombreuses sur le *vieux bois* que sur les quatre à cinq bourgeons attachés le long de l'échalas.

8ᵉ *Moyen*. Dans quelques communes viticoles des departements de la Seine et de Seine-et-Oise, et notamment dans celles de Saint-Cloud et de Suresne, au printemps, à l'époque de la taille, on conserve un bourgeon de l'année précédente, comme j'ai dit que cela se pratiquait dans quelques vignobles du département du Loiret, ce bourgeon, qui n'est pas attaché, est entraîné à terre, par le poids de ses grappes. L'humidité du sol, entretenue par l'ombrage des feuilles, en occasionne souvent la pourriture, et d'autant plus vite que les raisins s'attendrissent aux approches de la maturité. Il serait donc tout à fait dans l'intérêt des vignerons de ces communes d'imiter, à cet égard, ceux des environs d'Orléans, rive gauche, mais c'est probablement ce qu'ils ne feront pas à cause d'un surcroît de dépense.

9° *moyen.* Dans quelques autres communes de ces mêmes départements, et plus particulièrement à Fleury et à Meudon, les vignerons, après avoir attaché les bourgeons de l'année à l'échalas, ne courbent pas en cerceau comme dans l'Orléanais ou chez leurs voisins de Saint-Cloud, le *long bois* réservé, mais ils l'inclinent dans une direction horizontale, pour, son extrémité être liée au milieu de l'échalas du cep le plus voisin, à 50 ou 60 centimètres (15 *à* 18 *pouces*) au-dessus de terre. Il en est de même et de proche en proche sur toute l'étendue de la pièce. Comme les ceps sont sans ordre, par conséquent à des distances plus ou moins éloignées les uns des autres à 50, 60, 65 centimètres (15, 20 et 24 *pouces*), il en résulte que ces pièces de vignes offrent la plus grande confusion, ce qui rend l'ébourgeonnement, les travaux de binage très difficiles ; mais ce mode d'échalassement, tout imparfait et tout coûteux qu'il soit, a l'avantage sur celui employé par les vignerons des communes voisines, que les grappes sont suspendues et moins exposées à la pourriture.

Dans le département de Maine-et-Loire, où les carrières d'ardoises sont abondantes, on fabrique, avec la même substance, des échalas en pierre. Dans ce but, elle est débitée, en morceaux de 1 mètre 30 cent. à 1 mètre 40 cent. de longueur sur 15 à 20 centimètres de circonférence. Le poids de chacun de ces échalas, de forme très grossière, est de 5 à 6 kil. (10 à 12 *livres*).

Il me reste à parler de l'échalassement le plus simple de tous, qui consiste à enfoncer au pied de chaque cep, à la profondeur de 20 à 30 centimètres (10 ou 15 *pouces*), un échalas aiguisé à l'une des extrémités pour faciliter son entrée en terre. Les échalas ou paisseaux après les vendanges sont retirés, puis réunis en tas dans la vigne, où sans abri ils sont pendant l'hiver exposés au mauvais temps. Le printemps suivant ils sont replacés au pied des ceps, où ils restent jusqu'à l'automne suivant, et ainsi de suite d'année en année, jusqu'à ce que, devenus trop courts par les aiguisements successifs. ou pourris par leur long usage, ils ne puissent plus servir, et par conséquent doivent être renouvelés.

La durée des échalas ou paisseaux est en raison de la nature du bois dont ils sont tirés. C'est à cause de cela que pour la vente ils sont partagés en deux sortes. La première se compose de ceux faits en bois dur, châtaignier, chêne, acacia. La seconde, de bois tendre, comme coudrier, saule marceau, saule ordinaire, peuplier noir, peuplier blanc.

La durée des échalas qui composent la première sorte, s'ils ont été fabriqués seulement avec le cœur de l'arbre, et 1 an ou 18 mois après que l'arbre aura été abattu, pourra être de 30 à 35 ans. Pour ceux de la deuxième qualité elle dépassera rarement 10 ou 15 ans.

Cette différence dans la durée des deux sortes d'échalas est à peu près en rapport avec le prix de l'une et de l'autre. C'est à cause de cela que ceux en bois tendre sont aujourd'hui les plus généralement employés quoiqu'en définitive ils reviennent à un prix plus élevé.

La longueur et la grosseur des échalas sont très différentes, suivant les vignobles ; quelques-uns, comme dans certains cantons de la Haute-Saône, n'ont qu'un mètre et même moins de hauteur sur 8 à 10 centim. de tour. Dans quelques autres départements ils ont jusqu'à 2 mètres, mais le plus ordinairement leur hauteur est de 1 mètre 30 cent. à 1 mètre 40 cent. (4 à 4 *pieds* 6 *pouces*).

Ce moyen de soutenir les ceps, au premier abord paraîtra très simple, peu coûteux et très facile à exécuter aux personnes qui sont étrangères à la culture de la vigne, mais c'est tout autre chose pour les vignerons, car il comporte avec lui bien des inconvénients, et il entraîne dans une grande dépense. C'est au reste ce dont on pourra juger par les détails dans lesquels je vais entrer.

Si on a une nouvelle vigne à garnir d'échalas ou paisseaux neufs, la première chose à faire c'est qu'ils soient aiguisés à l'un des bouts pour en faciliter l'entrée en terre : c'est un travail facile. Comme compensation on abandonne les copeaux à l'ouvrier, ou encore il est payé à raison de 1 fr. 50 par 1000. A ce prix, si par hectare il y a 12,000 ceps, ce serait 18 francs à payer, et le double pour 24,000, car ces deux nombres, ainsi que leur intermédiaire, expriment ceux des ceps les plus habituellement plantés sur cette surface.

Fichage ou piquage des échalas. C'est un travail fatigant et même pénible, surtout si la terre est durcie par la sécheresse, circonstance qui oblige souvent à y renoncer.

Dans les départements de la Seine, de Seine-et-Oise et de Seine-et-Marne, il n'y a que les hommes forts et robustes qui entreprennent de ficher ; si les échalas sont aiguisés des deux bouts, l'ouvrier garnit sa poitrine et l'aissèle du côté droit d'un plastron en cuir, matelassé, soutenu par une courroie qui passe sur l'épaule gauche, où elle est attachée avec une boucle ; mais si les échalas ne sont aiguisés que d'un bout, ils sont enfoncés à coups de maillet.

Dans quelques parties de la Bourgogne et de la Champagne ce sont les femmes qui sont chargées de ce travail pénible : les en affranchir c'est certainement un service à leur rendre.

Sur un hectare (2 *arpents*) de vigne, s'il a été planté 24,000 ceps ce sera 24,000 échalas à ficher. Ce travail, exigeant 12 jours, la journée à 2 francs, la dépense sera de 24 fr. par hectare et souvent même plus, en raison de la sécheresse du terrain. Cette dépense, renouvelée chaque année, est une lourde charge pour le vigneron.

Les échalas ou paisseaux cassés en les fichant, surtout s'ils sont vieux ou encore faits de bois tendre ; ceux qui se détériorent ou pourrissent toujours dans une progression croissante, à mesure qu'ils approchent du terme assigné de leur plus longue durée, et qu'il faut remplacer chaque année, sont encore l'objet d'une dépense additionnelle, ce n'est pas trop de l'estimer, terme moyen, à 2 et 1/2 pour 100 par an, dans une période de 35 ans. Ainsi pour *un* hectare de vigne planté de 24,000 ceps, ce serait, nombre moyen, 600 échalas à acheter, qui, à 4 fr. le 100, feraient annuellement la somme de 24 fr. à dépenser ou 840 fr. dans l'intervalle à courir jusqu'au renouvellement complet. Indépendamment de tout ce qu'a de contraire aux intérêts des vignerons, la dépense à faire chaque année pour aiguiser, ficher, déficher, et pour remplacer les échalas pris, cassés ou pourris, leur emploi entraîne encore dans de bien graves inconvénients pour la vigne. Au printemps, époque de ficher les échalas, qui est aussi celle où la sève est dans la plus grande activité, la pointe de l'échalas nouvellement aiguisée, enfoncée avec force ou à coups de maillet, blesse fréquemment une des principales racines, la brise ou en meurtrit l'écorce, ce qui produit un écoulement abondant de sève, et ne peut être que défavorable à la vigueur de la plante. Le piétinement de l'ouvrier autour des ceps, pour *enfoncer* avec force les échalas, détruit les bons effets du dernier labour. Si, à cette même époque, à la suite d'une longue sécheresse, la terre est trop *serrée*, ou lorsque par la paresse de l'ouvrier les échalas ne sont pas assez *enfoncés*, les faisceaux de feuilles donnent prise aux vents, et les ceps sont renversés à terre ; si on ne s'en aperçoit pas, ou qu'on néglige de les relever, les raisins dont les ceps sont chargés, pourrissent tout à fait.

A l'automne, lorsqu'après les vendanges on retire les échalas, ils laissent après eux un trou au pied de chaque cep. Les eaux des pluies très-fréquentes à cette époque de l'année, et plus tard celles produites par la fonte des neiges, y pénètrent, abreuvent les racines, qui gèlent plus facilement quand surviennent les grands froids. Ces deux causes doivent nécessairement influer défavorablement sur la végétation.

Nonobstant tout ce que je viens de rapporter comme contraire aux intérêts des propriétaires de vignes dans l'emploi des échalas, ils comportent encore avec eux un autre inconvénient dont ils sont en grande partie la cause immédiate : c'est de contribuer à la multiplication du ver de la vigne, *Pyrale*.

Au printemps et en été, cet insecte destructeur ronge les jeunes feuilles et les grappes naissantes. Les pertes qu'il cause ont été, il y a quelques années, si considérables, qu'elles attirèrent l'attention de M. le Ministre de l'agriculture et du commerce. Feu M. Audouin, membre de l'Institut, professeur d'en-

tomologie au Museum d'histoire naturelle de Paris,
fut, à cette époque, chargé de faire des recherches
sur cet insecte, et d'indiquer les moyens qu'il y aurait
à prendre, sinon pour le détruire entièrement, ce qui
est impossible, du moins pour diminuer les pertes
qu'il pourrait occasionner par la suite.

Deux vignobles très-étendus, celui du Mâconnais
et celui d'Argenteuil, département de Seine-et-Oise,
eurent, en 1836, plus particulièrement à souffrir de
la *Pyrale.*

C'est dans ces deux vignobles que M. Audoin re-
cueillit ses principales observations. Elles ont été con-
signées dans plusieurs mémoires d'un haut intérêt,
qu'il a communiqués à l'Académie royale des sciences,
de l'Institut.

Les recherches de feu M. Audoin ont eu pour résultat de constater que le papillon de la *Pyrale* dépose
ses œufs, non seulement sur le pied des ceps, mais
encore dans les fissures et sous les éclats des échalas
non encore entièrement détachés. Sous un de ces
éclats, de moins d'*un* centimètre de longueur, il a
trouvé amassés 72 œufs de ce papillon, et toujours
un plus grand nombre dans ceux employés depuis
long-temps. C'est à cause de cela que les vignes qui
sont pourvues d'échalas neufs, sont moins sujettes à
être attaquées.

Les échalas laissés sur place dans les vignes, et ceux
resserrés pendant l'hiver, pour être reportés et fichés
au printemps suivant, recèlent dans certaines années
une grande quantité d'œufs de la *Pyrale.* Ces œufs

éclosent au printemps , et donnent naissance aux vers à l'époque où les feuilles commencent à se développer; ils les rongent ainsi que les grappes naissantes.

Il a encore été reconnu que, non seulement les pièces ou les parties de vignes qui n'avaient pas été échalassées, mais encore celles au milieu desquelles étaient restés des tas d'échalas amassés à l'automne précédent, et qui pour des causes quelconques n'avaient pas été repiqués, les ceps les plus près de ces tas en étaient proportionnellement plus attaqués que ceux qui en étaient plus éloignés.

C'est ce même insecte qui, comme je l'ai dit précédemment, est connu des vignerons dans le Médoc sous le nom de *Chévre,* dont la multiplication est grandement favorisée par le genre d'échalassement qui y est en usage. En effet, les *lattes* ou perches faites de jeunes pins, *pinus maritima*, attachées aux piquets, *carrassonnes,* où elles restent toute l'année , se dessèchent et se fendent. L'écorce dont ces lattes ne sont pas dépouillées, se détache en partie, ce qui fait que le papillon de cet insecte trouve facilement à y déposer ses œufs. Dans certaines années ils donnent naissance à une prodigieuse quantité de ces vers, qui exercent sur les vignes les plus grands ravages.

De tout ceci il résulte de la manière la plus évidente que l'emploi des échalas et celui des lattes contribuent en grande partie à la multiplication de la *Pyrale* ou de la *Chévre.*

Comme moyen destructif le plus assuré, ceux qu'indiquait M. Audoin seraient assurément les meilleurs. Ils consistent à soumettre les échalas à la vapeur ou à les passer au four. Il n'est personne qui ne soit de cet avis ; mais l'exécution en est-elle possible sur une grande échelle ? Je ne le pense pas. En effet, la seule commune d'Argenteuil, près Paris, où la *Pyrale* a exercé ses ravages d'une manière si fâcheuse, en 1838, emploie, pour soutenir ses vignes, plus de 40 millions d'échalas. Oui, le seul et véritable moyen de restreindre peut-être même dans la proportion de moitié ce fléau destructeur, c'est de ne plus se servir ni d'échalas, ni de paisseaux non plus que de lattes. Ce serait le résultat infaillible qu'aurait la nouvelle manière de soutenir les vignes, que je propose pour les remplacer, et que j'emploie depuis plusieurs années.

Après avoir décrit le moyen le plus en usage de soutenir les vignes basses des vignobles du centre de la France, un échalas pour chaque cep, et aussi celui en forme de treilles, au moyen de carrassonnes et de lattes, pratiqué dans le Médoc (Gironde), qui l'une et l'autre sont en usage pour plus de 400,000 hectares (800,000 *arpents*, 1,200,000 *journaux*): je vais faire connaître celle que je propose de leur substituer comme très préférable sous tous les rapports.

Mais pour faire l'application de cette nouvelle manière, il faut avant tout, ainsi qu'il a été dit dans la première partie de ce mémoire, que les ceps soient plantés par rangées parallèles. C'est au reste ce qui a déjà lieu dans presque tous les vignobles des départements qui se composent des ci-devant provinces de Bourgogne, de la Champagne et de l'Orléanais. Cette disposition des ceps est bien conçue et rend beaucoup plus facile l'exécution des nombreux travaux que réclame la vigne dans le cours du printemps et de l'été. Elle est très préférable à celle où les ceps, se trouvant régulièrement plantés, sont sans ordre et à des distances plus ou moins rapprochées, et parce qu'en définitive *elles ne contiennent pas un plus grand nombre de ceps sur la même surface.*

❧

DESCRIPTION

DU

Nouveau système pour soutenir les vignes basses des vignobles,

AU MOYEN DE LIGNES DE FIL DE FER, MOBILES.

Cette nouvelle manière consiste dans l'emploi de lignes de fil de fer d'une grosseur déterminée, soutenues de distance en distance par de forts échalas.

Ces lignes de fil de fer sont placées au printemps après la taille, et aussi près que possible des rangées de ceps. Après la vendange, elles sont enlevées au moyen d'un moulinet, mises en cercle et resserrées avec leurs supports pendant l'hiver, pour être replacées et ôtées les années suivantes aux mêmes époques. Les accessoires sont: 1° un moulinet ou dévidoir (voir la figure et la description qui l'accompagnent). Il est d'une construction très simple, d'un prix modique.

comme de 4 à 5 fr. Sa durée pourra être de 20 à 25 ans. Il ressemble, sauf quelques légers changements à celui dont on se sert dans les campagnes pour dévider le fil ; 2° une petite lime triangulaire, dite tire-point, pour couper le fil de fer quand il en est besoin, *prix*, 75 c. ; 3° une pince à pointe plate ou ronde, destinée à réunir plusieurs bouts de fil de fer quand on veut ajouter à leur longueur, prix, 60 c.

Supports. De forts échalas de 1 mètre 30 centim. à 1 mètre 50 centim. (*4 pieds à 4 pieds 6 pouces*) , sur une grosseur de 15 *à* 18 *centim.*, faits de cœur d'acacia, de châtaignier ou de chêne, pourront très bien convenir à cet usage. Leur durée sera de 25 à 30 ans, et d'autant plus, que le petit nombre qui est nécessaire fait qu'on peut les rentrer pendant l'hiver. On pourrait encore ajouter à leur durée en charbonnant ou en bitumant le bout qui doit être enfoncé en terre; alors on pourrait même les laisser en place.

Fil de fer. Une expérience de plusieurs années a appris que la sorte la plus convenable est désignée dans le commerce sous le n° 10. Sa grosseur est d'environ 1 millimètre ; elle donne 70 mètres (215 *pieds*) par 1 kilog. (2 *livres*). Prix moyen, 90 c. ou 4 fr. 50 par *bottes* de 5 kilog. (10 *livres*). Ainsi, pour ce prix on obtient une longueur de 350 mètres (1077 *pieds*). Pour les vignes de Médoc il sera préférable d'employer le fil de fer n° 12. Celui-ci donne 46 mètres par kilog. (2 *livres*) ; prix, 80 c. le kilog. (2 *livres*).

Dans le commerce, le fil de fer se vend par *bottes* de 5 kilog. (10 *livres*). Les différentes sortes de fil de fer, quant à leur grosseur respective, sont classées par numéros de 1 à 30, ainsi les bas numéros, comme 1, 2 et 3 fournissent les plus fins. Ils donnent, à poids égal, une plus grande longueur, aussi sont-ils comparativement plus chers.

La force des différents fils de fer est plus considérable qu'on ne le pense ordinairement : ainsi un bout de fil de fer n° 10 de 3 mètres de longueur peut aisément supporter un poids de 100 kilog. (200 *livres*). Dans aucun cas, et par les plus grands vents, les treilles dont chaque partie n'a qu'une longueur de 5 mètres (15 *pieds*) n'auront à résister à un pareil effort.

Durée. Une des principales objections qu'on fera sans doute sur l'emploi du fil de fer, c'est qu'exposé à la pluie il se rouillera et se détruira promptement... Erreur complète... En effet, la première année qu'on s'en sert il se rouille, mais légèrement, et à peine les années suivantes ; d'un autre côté, il est hors des atteintes de la rouille et de l'oxidation pendant les 6 ou 7 mois de mauvais temps qu'il est rentré. Avec quelques précautions prises dans le courant de l'hiver, et que j'indiquerai plus tard ; sa durée pourra être prolongée et excéder 50 ans, quoique dans le calcul comparatif avec celle des échalas je ne l'aie porté qu'à 35 ans. Cette prévision quant à cette longue durée est fondée sur ce qu'on voit journellement des grillages en fil de fer de moitié moins gros que celui dont il est question, appliqués à des soupi aux de caves, à des lucarnes de grenier, où ils sont depuis 40 ans.

et qui conservent encore assez de résistance, exposés qu'ils sont, toute l'année, aux intempéries des saisons.

Le fil de fer du même n° 10, galvanisé, serait certainement d'une plus longue durée, mais son emploi en raison de son prix beaucoup plus élevé, ajouterait près d'un tiers de la dépense. Ce surcroît de dépense peut, sans aucun inconvénient, être épargné, car l'expérience a appris que le fil de fer se rouille ou s'oxide la première année qu'on l'emploie, moins la seconde, et à peine les années suivantes. Il prend alors une teinte rousse, qui ne laisse pas de traces à la main, même apès de longues pluies.

Mais pour que le fil de fer éprouve et conserve cette favorable altération, il faut qu'il ne repose pas à terre, qu'il soit suspendu ou isolé ; or, pour soutenir la vigne, il est dans cette condition ; on n'aura donc pas besoin de recourir au fil de fer zincqué.

Ce que j'ai trouvé de mieux, comme pouvant très bien ajouter à la conservation du fil de fer, ce serait de le tremper par quart ou huitième de *bottes* dans du bitume bouillant, auquel on aura ajouté un 10° de son poids de goudron ; plus, une petite proportion de sablon très fin. La *dessication* s'opérera complètement dans les 24 heures. Le goudron et le bitume employés séparément ne conviendraient pas. Le goudron seul serait bientôt fondu par la chaleur du soleil. Pour le bitume, il s'écaillerait et se détacherait par parcelles du fil de fer. Cette préparation de bitume, de goudron et d'une petite quantité de sablon très fin me paraît devoir être très utile pour la conservation du gros fil de fer n° 17 ou 18 qu'on emploie au lieu de treillage dans les jardins pour espaliers et contre-espaliers, et qu'on ne déplace jamais.

Comme moyen de conservation du fil de fer, la peinture ordinaire à l'huile ne peut non plus convenir, parce que d'abord elle augmenterait la dépense, et que bientôt elle aurait disparu par le frottement des sarments agités par le vent.

Placement et déplacement des lignes de fil de fer. Dans le courant du mois où la taille de la vigne a été faite, on doit placer les lignes.

1° Les supports aiguisés d'un bout, sont placés sur les rangées de ceps de 5 en 5 mètres (15 *en* 15 *pieds*), et enfoncés à coups de maillet; mais auparavant et dans chacun d'eux on enfoncera deux clous d'épingle longs de 3 centimètres (1 *pouce*) à la moitié de leur longueur, le premier 50 ou 60 centimètres (18 *ou* 20 *pouces*) au-dessus de terre, et le second à 15 ou 20 centimètres en contre-bas. Ces deux clous ont pour objet de maintenir les deux lignes de fil de fer à la hauteur à laquelle elles ont été placées : au reste cette hauteur sera en raison de la force de la vigne et de l'usage où l'on est de l'accoler. Les lignes de ceps ne courront plus alors le risque d'être renversées par l'action des grands vents.

Placement des lignes de fil de fer. Le moulinet ou dévidoir chargé du fil de fer porté à la tête du premier rang de ceps; l'ouvrier saisit le bout du fil de fer par

lequel a fini son enroulement (auquel doit être attaché, et pour y rester , un bout de ficelle de 40 à 60
centimètres, pour le retrouver facilement) et se rend
à l'extrémité opposée, ou par un double tour il l'attache au dernier support, immédiatement au-dessus
du clou d'épinglé. Revenant sur ses pas, il entoure
successivement chaque support après une forte trac-
tion , et ainsi de suite jusqu'au premier , le plus rapproché du moulinet , où le fil de fer est attaché. Les
supports doivent être solidement établis , surtout le
premier et le dernier de chaque ligne. être enfoncés
dans une direction un peu oblique du dehors en de-
dans ou ce qui sera préférable, ils seront maintenus par
un autre échalas placé en arc-boutant à l'intérieur de
la rangée; cet arc-boutant, à chacun des supports des
deux bouts de la ligne, sera fixé par un ou deux clous
d'épingle (*voir la planche*).

Déplacements à l'automne. Aussitôt les vendanges
faites , on peut enlever les lignes de fil de fer ; par
une secousse qui leur est donnée, les liens en paille
dont on s'est servi pour attacher les bourgeons au
fil de fer sont aisément rompus. Elles sont ensuite
détortillées des supports et laissées à terre. Il est préférable de commencer l'enroulement par le bout le
plus rapproché du moulinet. De la main gauche le
fil de fer est dirigé sur le tournant. Cette action d'enrouler s'opère avec une telle rapidité , qu'on peut en
moins d'une heure placer 14 à 1,500 mètres (4,500
pieds).

Comme il arrive quelquefois qu'à la surface du fil

de fer il se trouve de petits éclats , alors , dans la rapidité de son passage dans la main , elle pourrait être écorchée : pour prévenir ces légers accidents, on s'en garantira par un gant fait de grosse toile ou d'un morceau de cuir, sur lequel glissera le fil de fer.

S'il arrivait qu'il soit nécessaire d'alonger une ligne de fil de fer par une autre plus ou moins longue : alors , au lieu de plier en sens inverse les deux bouts à joindre ensemble, il est préférable de les tordre l'un sur l'autre , dans une longueur d'environ 4 centimètres et de rabattre les deux bouts tordus, de 1 centimètre.

Lorsque le tournant est assez chargé de fil de fer, on le retire de dessus son pied, et on fait glisser le cercle qui sort facilement du tournant par la légère inclinaison donnée aux rouleaux qui le composent.

On peut placer 8 à 10 kilogrammes (16 *à* 20 *livres*) de fil de fer à la fois (7 à 800 mètres) sur le tournant. Les cercles sont portés à la maison, où ils sont accrochés à l'abri jusqu'au printemps suivant pour être réemployés de la même manière.

Pour débarrasser le fil de fer du peu de rouille dont il se couvre pendant les premiers mois qu'on l'emploie, il faut , avant de l'enrouler, graisser avec un bout de chandelle le gant ou le morceau de toile sur lequel il doit filer dans la main avant d'arriver au tournant, ou bien encore après avoir été rentré, et quand on en a le loisir, verser sur chaque cercle ou *botte* pour 10 ou 15 centimes de mauvaise huile , et la passer à la flamme pour qu'elle se répande sur toute la surface , les frotter ensuite avec un bouchon de paille. Le fil de fer redeviendra aussi net qu'au moment où il a été acheté.

Ce sont de petites précautions qui sont bonnes à prendre pour conserver le fil de fer dans un état constant de netteté, mais qui cependant ne sont pas indispensables.

Lorsque le fil de fer est tortueux, pour le redresser, il suffit, pour le rendre parfaitement droit, d'en prendre des deux mains une longueur d'environ *un* mètre, l'appuyer fortement contre un corps rond et dur en lui imprimant un mouvement de va et vient.

Accoler, lier la vigne. C'est dans le courant du mois de mai et de juin qu'on s'occupe de ce travail. Il a pour objet de réunir les pampres ou bourgeons de la vigne et de les fixer avec *un* ou *deux* liens à l'échalas qui leur sert de tuteur ; ou aux *lattes* (gaulettes) sur lesquelles ils sont dirigés horizontalement.

Ces liens sont le plus ordinairement faits avec de la paille de seigle coupée à 30 centimètres (*un pied*) de longueur et mise à tremper la veille, pour lui donner plus de flexibilité.

Dans quelques vignobles et surtout dans le midi de la France on se sert d'osier (*visme*). Ce sont ordinairement des femmes qui sont chargées de ce travail, donné à faire à la tâche. Elles s'en acquittent aussi vite qu'elles le peuvent et sans y porter aucune attention. Elles saisissent des deux mains les bourgeons, les rapprochent et les lient serrés à l'échalas où ils se trouvent attachés en forme de bottes, surtout s'ils sont liés à deux liens. La moitié des grappes ainsi renfermées, presque entièrement privées des rayons du soleil qui leur seraient si favorables à la fin de l'été, restent ombragées et ne mûrissent qu'imparfaitement, et seulement d'un seul côté ; c'est ce qui a lieu surtout pour celles placées au nord des ceps. L'humidité s'y conserve longtemps après les pluies, et la pourriture en est fréquemment la suite ; c'est entre autres inconvénients un des plus grands attachés à l'emploi des échalas.

Tous les désavantages attachés à la manière actuelle de lier la vigne que je viens de décrire n'existent pas dans celle que je propose de lui substituer. Si la vigne à accoler appartient à des propriétaires trop pressés d'ouvrage, ils se contenteront de faire rapprocher les bourgeons, les réuniront ensemble et les lieront par un seul lien au fil de fer (*voir la figure*), cela est bientôt fait, et vaudra toujours mieux que d'être serré contre l'échalas. Mais ce qui est préférable, et par conséquent qui doit être recommandé, c'est que l'ouvrière partage en deux les bourgeons des mêmes ceps lorsqu'il s'en trouve plus de 4, 5, 6 ou un plus grand nombre, pour une moitié être réunie avec l'autre moitié du cep le plus voisin, et être attachées ensemble par un seul lien au fil de fer (*voir la figure*). Par cette disposition les bourgeons des mêmes ceps ainsi écartés, leurs grappes profiteront encore mieux.

Dans les vignobles où l'on conserve une *pique ou long bois* (bourgeon réservé de l'année précédente),

comme cela se pratique à la taille, aux environs d'Orléans et dans le département de la Seine, il sera pen-
ché et lié à la ligne de fil de fer la plus basse (*voir la
planche*).

Mais soit qu'on se serve de paille ou d'osier avant
d'enfermer le bourgeon dans la ligature on devra entou-
rer le fil de fer par un *double tour*, et attacher *ferme*.
Les bourgeons seront alors bien maintenus à l'endroit
où ils auront été placés. Ils ne seront pas exposés,
agités par les vents, à frotter contre la ligne de fil de
fer, et par conséquent à être coupés, ce qui, du
reste n'aura jamais lieu pour les vignes des vignobles.

Voici un autre moyen qui remplit également bien
le même objet : embrasser d'abord le fil de fer par le
milieu de la ligature, croiser les deux bouts, et ensuite
enfermer les bourgeons. De cette manière, il n'y aura
pas non plus de contact immédiat avec le fil de fer.

Ces deux manières de lier les bourgeons se font
aussi vite que d'accoler à deux liens aux échalas. Les
grappes sont bien suspendues et ne touchent pas à
terre; après les pluies elles sèchent promptement :
enfin, elles jouissent de toutes les heureuses influen-
ces de l'air, de la lumière, et des bienfaits des rayons
du soleil; car ces deux sources de la vie sont les
grands principes de la végétation, et contribuent ac-
tivement à son développement.

Mais entre autres avantages, un très marquant
qu'offre encore ce nouveau moyen de soutenir les
vignes des vignobles, c'est d'accélérer de plusieurs
jours la maturité des raisins, comparativement à ceux

des ceps soutenus et accolés à la manière ordinaire. Ce seul avantage, même à dépense égale, suffirait pour lui faire accorder la préférence sur les échalas ou paisseaux, et d'en faire abandonner l'usage au fur et à mesure que ceux qui s'en servent seraient obligés de les renouveler à cause de leur vétusté. J'ajouterai même que dans ce cas, pour les vignes dont les ceps sont sans ordre et à des intervalles inégaux, plutôt que d'acheter des échalas neufs, il serait encore plus profitable aux propriétaires de faire plinger leurs vignes, afin de les mettre par rangées parallèles pour les soutenir par le moyen que je propose. En effet, le travail qui serait à faire dans ce but, si coûteux qu'il pourra être, sera plus que compensé par la différence du prix entre les échalas et les lignes de fil de fer.

Epamprer ou rogner la vigne. Lorsque la vigne est défleurie, que les raisins sont noués, pour hâter leur développement on coupe les sommités des bourgeons, à peu près à la hauteur des échalas ; c'est un travail facile dont ordinairement sont chargées des femmes qui l'exécutent à la serpette.

La nouvelle manière de soutenir les vignes, que je conseille, permet de faire ce travail trois ou quatre fois plus vite et d'une manière beaucoup plus régulière : c'est de se servir de ciseaux à tondre le buis ou les haies. Les bourgeons tombés à terre sont ramassés avec un rateau à foin. Le retranchement des sommités des pampres ou bourgeons que je fais faire de cette manière ne peut donner lieu à aucun incon vénient, puisqu'au printemps suivant, à l'époque de la taille, ils sont coupés près du cep ou de la souche.

A tout ce que j'ai dit en faveur de ce nouveau mode de soutenir les vignes basses, je dois ajouter une considération importante et qui a bien son mérite : c'est d'apporter une immense économie de bois, et ainsi de concourir directement à la conservation des forêts de l'Etat, dont on déplore la diminution incessante depuis près d'un siècle, et qui, quoi qu'on fasse et qu'on dise, va croissant par une double cause, l'extension de l'industrie et l'accroissement de la population. Sous ce rapport, le moyen que je propose est encore bien digne d'attention. Enfin, une dernière et définitive raison pour les vignerons les plus attachés à la manière actuelle de soutenir leurs vignes (*un* échalas par chaque cep), de l'abandonner, c'est la grande économie d'argent. Cette économie se trouve démontrée de la manière la plus évidente par les états comparatifs des prix de revient de l'une et de l'autre manière de soutenir la vigne, qui sont placés à la fin de ce mémoire.

Je ne terminerai pas ce long mémoire sans faire connaître les noms des vignerons qui, après plusieurs années d'observation, ont été les premiers, en 1843, à reconnaître tous les avantages de cette innovation pour soutenir les vignes des vignobles, l'ont adoptée et pratiquée. Ce sont les sieurs L. Boulanger, Thomas Laîné, de la commune de Vauréal, et Michel Lamy, de celle de Jouy-le-Moutier, la plus voisine (arrondissement de Pontoise). Ce sont ces honorables habitants connus dans le pays par leur intelligence et plus de trente ans d'une pratique manuelle, qui ont eu le courage de s'affranchir d'un usage qui sans doute remonte à plusieurs siècles. Ce sont eux qui ont donné l'impulsion, car dès l'année suivante ils ont eu des imitateurs, et aujourd'hui les nouvelles vignes qu'on plante, le sont, pour être soutenues, de la manière que je propose.

DÉPARTEMENT DE LA SEINE. — Paris.

2,784 hectares de vignes.

Prix moyen de l'échalassement à la manière actuelle, pour 1 hectare.

Nombre des ceps par hectare, 24,000, plantés à la distance moyenne de 65 centimètres (24 *pouces*).

Nombre d'échalas, 24,000. Bois de châtaignier ou de chêne. Hauteur, 1 mètre 30 centimètres à 1 mètre 40 centimètres (4 *pieds à 4 pieds 6 pouces*).

Durée moyenne, trente à trente-cinq ans, bons de service.

Prix : 2 fr. 50 c. la botte de 40 ; 6 fr. 25 c. le 100 ; 62 fr. 50 c. le 1,000.

Prix de l'échalassement, pour 1 hectare . . . . . 1,500 fr.

Dépense annuelle par hectare, pour fichage, défichage et aiguisage des échalas. . . . . 36 fr.

NOUVEAU SYSTÈME.

Dépense par hectare, pour 24,000 ceps : les ceps soutenus par deux lignes de fil de fer superposées, à cause de la force de la végétation.

Fil de fer n° 10, *recuit,* 31,200 mètres, à 12 fr. 80 c. les 1,000 mètres. . . . . . . 399 fr. 36 c.

Supports ou forts échalas, *un* de 5 en 5 mètres, 3,120 à 10 fr. le 100 . . . . 312 » } 711 36

Durée, trente-cinq à quarante ans.

Dépense annuelle par hectare : pour le placement et le déplacement des lignes de fil de fer et des supports. . . . . 18 fr.

Economie première par hectare, pour la dépense d'échalassement. . . . . 788 fr. 64 c.

Dépenses applicables au département.

Système actuel d'échalassement pour 2,784 hectares : nombre d'échalas : 66,816,000, à 62 fr. 50 c. le 1,000. . 4,176,000 fr.

Dépense annuelle pour fichage, défichage et aiguisage. . . . . . 100,224 fr.

NOUVEAU SYSTÈME.

Fil de fer n° 10, *recuit,* à 12 fr. 80 c. les 1,000 mètres pour 2,784 hectares, à raison de 399 fr. 36 c.

Par hectare. . . . 1,111,818 fr. }
Supports : 8,686,080. . 868,608 } 1,980,426 »

Somme première, économisée . . . 2,195,574 »
Dépense annuelle. . . . 50,112 fr.
Intérêts à 4 p. % de la somme de 2,195,574 fr. 87,822 93

Somme annuelle économisée. . . . . . . 50,112 »

Total. 137,934 93

somme qui excède, approximativement, le double des contributions sur les vignes.

Les supports défalqués, nombre des échalas économisés, 65,947,392.

Commune de Vanves.

40 *hectares de vignes.*

Prix de l'échalassement de 1 hectare de vignes à la manière actuelle. Les ceps plantés à la distance de 55 centimètres (20 *pouces*).

Nombre des ceps par hectare, 24,000.

Nombre des échalas, 24,000. Bois de châtaignier et de chêne. Hauteur, 1 mètre 40 centimètres (4 *pieds*).

Prix moyen : 3 fr. 40 c. la botte de 40 ; 7 fr. 50 c. le 100 ; 75 fr. le 1,000.

Durée moyenne, vingt ans, bons de service.

Prix de l'échalassement pour 1 hectare. . . . . . 1,800 fr.

Dépense annuelle pour fichage, défichage et aiguisage des échalas, par hectare. . . . . 40 fr.

NOUVEAU SYSTÈME.

Les ceps, eu égard à la force de la végétation, exigent d'être soutenus par deux lignes de fil de fer superposées 26,400 mètres.

Fil de fer n° 10, *recuit*, à raison de 12 francs 80 cent. les 1,000 mètres, par hectare. . . . 337 fr. 92 c.

Supports : 2,640, à 10 fr. le 100. . . . . 264 » } 601 fr. 92 c.

Durée, quarante ans.

Dépense annuelle pour le placement et déplacement des lignes, par hectare, 20 fr.

Système actuel, par hectare. 1,800 fr. » c.

Nouveau système. . . . 601 92

Économie par hectare . . 1,198 fr. 8 c.

Dépenses applicables à la commune.

A la manière actuelle, pour 40 hectares. .   . 72,000 fr. › c.
Nouveau système 32,000   ›

Économie première. 40,000   ›

Dépenses annuelles.

Système actuel. .   .   .   .   . 1,600 fr.
Nouveau système 800

Économie annuelle. .   .   . 800 fr.   800   ›

Économie totale. .   .   .   . 40,800 fr. ›
Intérêt à 4 p. % de la somme de
40,800 fr. .   .   .   . . 1,632 fr.
Échalas économisés, les supports défalqués, 854,400. .

Commune de Clamart-sous-Meudon.

100 *hectares de vignes.*

Prix de l'échalassement de 1 hectare à la manière actuelle. Les ceps plantés sur lignes, à la distance de 40 centim. (15 *pouces*).

Nombre des ceps par hectare, 45,000.

Nombre d'échalas, 45,000. Bois de châtaignier et chêne. Hauteur, 1 mètre 30 centimètres à 1 mètre 40 centimètres (4 *pieds* à 4 *pieds* 6 *pouces.*)

Prix moyen : 2 fr. 50 c. la botte de 40 ; 6 fr. 25 c. le 100 ; 62 fr. 50 c. le 1,000

Durée moyenne, trente à trente-cinq ans.

Prix, pour 45,000 échalas par hectare.   .   2,812 fr. 50 c.

Dépense annuelle pour fichage, défichage, aiguisage, par hectare.   36   10

NOUVEAU SYSTÈME.

Les 45,000 ceps plantés sur lignes, à la distance de 40 centimètres (1 p. 2 pouc. 1/2) donnent une longueur totale de 18,000 mètres. Eu égard à la force de la végétation, les ceps doivent être soutenus par deux lignes de fil de fer, produisant une longueur de 36,000 mètres.

Fil de fer *recuit*, n⁰ 10, à raison de 12 francs 80 cent. les 1,000 mètres. . . . . 460 80⎫
Supports : 3,600, à 10 fr. le ⎬ 820 fr. 80 c.
100. . . . . 360 ⎭

Durée, quarante ans.

Dépenses annuelles, placement et déplacement des lignes. . . . . 18 fr.

Système actuel d'échalassement, par hectare	2,812	50
Nouveau système.	820	80
Économie par hectare.	1,991	70

SYSTÈME ACTUEL, pour 100 hectares.

Nombre d'échalas, 4,500,000. . . . 281,250 fr. »

NOUVEAU SYSTÈME.

Fil de fer n⁰ 10 ; m. . . . . 3,600,000⎱
Supports ; nombre. . . . 360,000⎰ 82,080 »

Économie . . . . 199,170 »

Dépenses annuelles.

Système actuel d'échalassement pour piquage et dépiquage de 100 hectares. . . . 3,600 fr. »

Nouveau système pour placement et déplacement des lignes et des supports. . . . . 1,800 »

Économie . . . . 1,800 »

47

Intérêt à 4 p. % de la somme de 199,170 f.
économisée sur les échalas. . . . . .   9,766 fr. » c.

Sur le fichage et défichage.   1,800   »
____

       Total de l'économie annuelle. .   11,566 fr. » c.

Les supports défalqués , nombre des échalas économisés ,
4,140,000.

OBSERVATION.

Des soixante-quinze départements de la France où la vigne est
cultivée, c'est celui de la Seine où cette culture est la moins étendue, en raison de sa circonscription territoriale très limitée ; mais
c'est celui où le prix de l'établissement coûte, comparativement
davantage. J'ai pris pour point de comparaison le prix de revient le
plus bas : 1,500 fr., car il est généralement plus élevé que celui
porté au tableau. Ainsi, dans la commune de Vanves, le prix, pour
1 hectare, est de 1,800 fr. ; à Issy, de 1,920 fr. ; à Clamart-sous-
Meudon, de 2,800 fr. ; à Puteaux, de 3,000 fr. Cette différence
remarquable pour des communes très voisines, vient du nombre
de ceps qui sont plantés en plus ou moins grand nombre sur la
même surface, et auquel correspond celui des échalas.

Par l'adoption du nouveau système, le prix serait réduit ainsi
qu'il suit :

Pour le département en général, de 1,500 fr., à 711 fr. ; pour
la commune de Vanves, de 1,800 fr., à 601 fr. 95 c. ; pour Clamart-
sous-Meudon, de 2,800 fr., à 820 fr. ; pour Issy, de 1,920 fr., à
597 fr. 92 c. ; pour celle de Puteaux, de 3,000 fr., à 834 francs.
Cette différence serait probablement, à peu de chose près, la même
pour les autres communes du département où la vigne est cultivée.

DÉPARTEMENT DE SEINE-ET-OISE. — Versailles,

13,693 *hectares de vignes.*

Calcul établi sur **12,000** hectares.

Prix de l'échalassement de **1** hectare à la manière actuelle, les ceps à la distance moyenne de 65 centimètres (**24** *pouces*).

Nombre d'échalas, 24,000. Bois de châtaignier ou de chêne. Hauteur moyenne, 1 mètre 30 centimètres à 1 mètre 50 centim. (4 *pieds à* 4 *pieds* 6 *pouces*).

Durée, trente à trente-cinq ans, bons de service.

Prix moyen, 1 fr. 60 c. la botte de 40 ; 4 fr. le 100 ou 40 fr. le 1,000

Prix pour l'échalassement d'un hectare. . . . . 960 fr.

Dépense annuelle pour fichage, défichage et aiguisage. 30 fr.

NOUVEAU SYSTÈME.

Les ceps soutenus par deux lignes de fil de fer.

Fil de fer *recuit,* n⁰ 10, 31,200 mètres à raison de 12 fr. 80 c. les 1,000 mètres. . 399 36 } 555 fr. 36 c.
Supports : 3,120, à 5 fr. le 100. . 156 »

Durée, trente-cinq à quarante ans.

Economie. . . . . 404 fr. 64 c.

Les ceps soutenus par une seule ligne de fil de fer.

Fil de fer n⁰ 10, *recuit,* 15,600. 199 fr. 68 c.

Supports : 3,120, à 5 fr. le 100. 156 »

Total. . . 355 fr. 68 c.

Dépense annuelle : placement et déplacement des lignes , 15 fr.

Pour 9,600 hectares de vignes , soutenus à deux lignes de fil de fer avec supports , à 555 fr. 36 c. l'hectare.   5,331,456 fr.   » c.

Pour 2,400 hectares , soutenus par une seule ligne, à 355 fr. 68 c. l'hectare.   .   .   853,632   »

Total.   .   .   .   6,185,088 fr.   » c.

Dépenses applicables au département.

SYSTÈME ACTUEL.

Pour l'échalassement de 12,000 hect. 288,000,000 d'échalas , à 50 fr. le 1,000.   11,520,000 fr.   » c.

NOUVEAU SYSTÈME.

Fil de fer n° 10 , 46,277,600 mètres.   .   4,313,088   » ⎫
Supports : 37,440,000   1,872,000   » ⎭   6,185,088   »

Economie première.   .   .   5,334,912 fr.   » c.

Système actuel, dépense annuelle.   .   .   .   .   .   360,000 fr.   »
Nouveau système.   .   .   180,000   »

Economie annuelle.   180,000 fr.   »

Echalas économisés, 250,560,000.

Intérêt annuel, à 4 p. % de la somme de 5,334,912 fr.   .   .   .   .   213,396 fr.   48

Economie sur le fichage et défichage.   180,000

Total de l'économie an^{lle}.   393,396 fr.   48

OBSERVATION.

Le prix de 960 fr. pour un hectare de vigne dans ce département est le plus bas auquel il peut être établi , en échalas faits de bois dur, ce qui néanmoins en porte le prix total à **11,520,000** fr., dépense qui doit se reproduire en entier dans une période de 35 ans.

Par le nouveau procédé, cette dépense se trouverait réduite à 6,185,088 fr.

Somme dont l'intérêt, avec l'économie annuelle sur le fichage et le défichage des échalas, est presque du double du montant des contributions sur la vigne, en les évaluant à **20** fr. par hectare.

Commune d'Argenteuil.

1,000 *hectares de vignes* (**2,000** arpents).

Prix de l'échalassement d'un hectare à la manière actuelle.

Les ceps plantés à la distance de 40 centimètres (15 *pouces*). Nombre des ceps, par hectare, 45,000.

Nombre des échalas, 45,000. Bois de châtaignier, chêne. Hauteur, 1 mètre 40 centimètres à 1 mètre 50 cent.

Prix moyen, 3 fr. la botte de 40; 7 fr. 50 le 100; 75 fr. le **1,000**.

Durée moyenne, trente-cinq ans.

Prix de l'échalassement d'un hectare, 3,375 fr.

Dépense annuelle, pour fichage, défichage et aiguisage, 40 fr.

NOUVEAU SYSTÈME.

45,000 ceps, plantés sur ligne à la distance de 40 centimètres, donnent une longueur totale de 18,000 mètres. Les ceps, en raison de la force de la végétation, exigent d'être soutenus par deux lignes de fil de fer superposées, 36,000 mètres.

Fil de fer *recuit,* n° 10, à 12 fr. 80 c. les 1,000 mètres.

Ci, 36,000 mètres. . . . . 460 fr. 80 ⎫
Supports : 3,600, à 10 fr. le 100.   360   » ⎭ 820 fr. 80 c.

Durée, quarante ans.

Dépense annuelle, de placement et de déplacement des lignes, 20 f.

Système actuel d'échalassement par hectare.   3,375 fr.   » c.

Nouveau système.   820   80

Économie par hectare.   .   2,554 fr. 20 c.

SYSTÈME ACTUEL.

Pour **1,000** hectares , nombre d'échalas ,
45,000,000. . . . . 3,375,000 fr. » c.

NOUVEAU SYSTÈME.

Fil de fer nº **10**, à **12** fr. les **1,000** mètres
36,000,000 mètres. . . 460,800 » ⎫
3,600,000 supports , à ⎬ 820,000 »
100 fr. le **1,000**. . . . 360,000 » ⎭

Economie première . . . . . 2,555,000 fr. » c.

Dépenses annuelles.

Système actuel, pour **1,000**
hectares. . . . . . 40,000 fr. »
Nouveau système. . . 20,000 »

Economie. . . . 20,000 fr. »

Echalas économisés, les supports défalqués, 41,400,000.
Intérêts à 4 p. % de la somme économisée de
2,555,000 fr. . . . . 102,200 fr.
Economie sur la dépense annuelle pour le fichage,
défichage et aiguisage. 20,000

Total de l'économie annuelle. . . . . . 122,200 fr.

Le résultat du calcul ci-dessus fait voir que sous le seul rapport
de la dépense il y aurait , en faveur des vignerons de la commune
d'Argenteuil , s'ils adoptaient le nouveau procédé recommandé pour
soutenir leurs vignes aux lieu et place de celui actuellement en usage,
une économie annuelle de **122,200** fr., somme qui résulterait , 1º de
l'intérêt, à 4 p. % de celle de **2,555,000** fr.; 2º celle de **20,000** fr.
sur la dépense annuelle de fichage et défichage.

Commune de Maurecourt, près Andresy.

118 hectares de vignes (236 arpents).

Prix pour l'échalassement d'un hectare à la manière ordinaire.
Les ceps plantés à la distance de 60 centimètres (21 *pouces*).
Nombre des ceps, 26,000.
Nombre des échalas, 26,000. Bois de châtaignier, chêne. Hauteur, 1 mètre 30 centimètres à 1 mètre 40 cent.
Prix moyen , 1 fr. 60 c. la botte de 40, ou 4 fr. le 100 ; 40 fr. le 1,000.
Durée moyenne, trente ans,
Prix de l'échalassement d'un hectare. . . . . 1,040 fr.
Dépense annuelle pour piquage , dépiquage et aiguisage, 30 fr.

NOUVEAU SYSTÈME.

Pour 1 hectare, 26,000 ceps plantés sur lignes à 60 centimètres, donnent une longueur totale de 15,600 mètres.
Les ceps soutenus par une seule ligne de fil de fer *recuit,* nᵒ 10 , à 12 fr. 80 c. les 1,000 mètres.

Pour 15,600 mètres. . . . . 199 68 ⎫
Supports : 3,360, à 5 fr. le 1,000.. 168 » ⎬ 367 fr. 68 c.
Durée , quarante ans.
Pour le même nombre de ceps , mais soutenus
par deux lignes. . . . . 567 fr. 36 c.

Pour 59 hectares (118 *arpents*), à 367 68. . 21,693 fr. 12 c.
Pour 59 hectares (118 *arpents*), à 567 ». . 33,474 24

Total. . . . . . 55,168 fr. 36 c.

Résumé.

Système actuel. . . . . 122,720 fr. » c.
Nouveau système. 55,167   36

Economie première. . . 72,592 fr. 64 c.

Dépenses annuelles.

Système ordinaire. . . . 3,570 fr.
Nouveau système. 1,785

Economie. . . . . 1,785 fr.

Nombre d'échalas employés. 3,094,000
Supports à défalquer. 399,840

Echalas économisés. . . 2,694,160

Intérêt annuel à 4 p. % de la somme économisée sur les échalas. 2,903   70
Economie sur fichage et défichage 1,785   »

Economie totale. 4,688   70

Si on évalue le montant des impositions sur les vignes à 20 fr.
par hectare, dans cette commune, on trouve que l'économie qui résulterait de l'adoption de ce nouveau mode d'échalassement , non-
seulement fournirait le moyen de les acquitter , mais en plus une
somme égale.

Commune de Deuil, près Montmorency.

Calcul établi sur 134 hectares.

Système actuel d'échalassement.
Les ceps plantés sur lignes, à la distance de 75 cent. (27 *pouces*).
Nombre de ceps, 14,624.
Nombre d'échalas, 14,624. Bois châtaignier, chêne. Hauteur, 1
mètre 30 centimètres à 1 mètre 50 cent.

Prix , 3 fr. la botte de 40 ; 7 fr. 50 c. le 100 ; 75 fr. le 1,000.
Durée , trente-cinq ans.
Prix pour un hectare. . . . . 1,096 fr. 80 c.
Dépense annuelle, piquage, dépiquage et aiguisage, 36 fr.

NOUVEAU SYSTÈME.

14,624 ceps plantés sur lignes , à 75 centimètres , donnent une longueur de 10,968 mètres.

Les ceps, eu égard à la force de la végétation , demandent à être soutenus par deux lignes de fil de fer.

Fil de fer nº 10, *recuit*, 21,936 mètres, à 12 fr. 80 cent. les 1,000 mètres. . . . 280 78 ⎱
Supports : 2,193, à 10 fr. le 100. 219 30 ⎰ 500 fr. 8 c.

Durée, quarante ans.

Placement et déplacement des lignes , 18 fr. par hectare.

Système actuel, pour un hectare. . . . . . 1,096 fr. 80 c.
Nouveau système. 500 8

———————————

Économie par hectare. . . . . 596 fr. 72 c.

Résumé.

Système actuel d'échalassement : 134 hectares de vignes.
Nombre d'échalas, 1,959,616, prix. . . 146,971 fr. » c.
Dépense annuelle pour fichage et défichage. 4,824 fr.

NOUVEAU SYSTÈME.

Pour 134 hectares : fil de fer nº 10, 2,939,424 mètres, à 12 fr. 80 c. les 1,000 mètres. . . 37,624 62 ⎞
Supports : 293,462, à 10 fr. ⎰ 69,670 82
le 100. . . . . 29,346 20 ⎠

———————————

Économie première. . . . . 80,000 fr. 28 c.

Echalas économisés, les supports défalqués 1,663,154.

Dépense annuelle pour placement et déplacement des lignes 2,412 fr.

Intérêts, à 4 p. % de l'économie première
de 80,000 fr. . . . . 3,200 fr. » c.

Economie annuelle sur le fichage et défichage. 2,412 »

Impositions évaluées par hectare à 18 fr. . . 5,612 fr. » c.

Pour 134 hectares. . . . . 2,412 »

Somme excédant les impositions. . . . 3,200 fr. » c.

Commune de Vauréal, arrondissement de Pontoise.

55 hectares de vignes.

Prix de l'échalassement d'un hectare à la manière ordinaire.

Les ceps plantés à la distance de 60 centimètres (21 *pouces*).

Nombre des ceps, 28,000.

Nombre des échalas, 28,000. Bois de châtaignier, chêne. Hauteur, 1 mètre 30 centimètres à 1 mètre 40 cent.

Prix moyen, 1 fr. 60 c. la botte de 40; 4 fr. le 100; 40 fr. le 1,000.

Durée moyenne, trente ans.

Pour un hectare. . . . . 1,120 fr.

Dépense annuelle pour fichage, défichage et aiguisage, 30 fr.

NOUVEAU SYSTÈME.

28,000 ceps plantés sur lignes, à 60 centimètres, donnent une longueur de 16,800 mètres.

Les ceps soutenus par une seule ligne de fil de fer.

Fil de fer *recuit*, n° 10, à 12 fr. 80 cent. les 1,000 mètres :

Pour 16,800 mètres. . . . . . 215 4 }
                                        } 383 fr. 4 c.
Supports : 3,360, à 5 fr. le 100. . 168 » }

Durée, quarante ans.

Dépense annuelle : placement et déplacement des lignes, 15 fr.

Système actuel d'échalassement pour un hectare. 1,120 fr.   » c.

Nouveau système.   383   4

Economie par hectare.   .   . .   . .   736 fr. 96 c.

Dépense applicable aux 55 hectares.

Fil de fer, 924,000 m. à 12 fr. 80 c. les 1,000 m.   11,827 fr.

Supports : 184,800, à 5 fr. le 100, 9,240 fr.

Dépense applicable à 55 hect., système actuel. 61,600 fr.   » c.

Fil de fer n° 10, 924,000, à 12 fr. 80 cent.

les 1,000 mètres. . . .   . . . 11,827 » $\Big\}$ 21,067   »

Supports : 184,800, à 5 f. le 100.   9,240 »

Economie.   .   . . . 40,533 fr.   » c.

Dépenses annuelles.

Pour piquage, dépiquage, aiguisage. 1,650 fr.

Placement et déplacement des li- .

gnes de fil de fer. 825

Economie.   . .   . . .   825 fr.

Système actuel, nombre d'échalas économisés, 1,355,200, les supports défalqués.

Intérêts à 4 p. % de la somme de 40,533 fr.

économisés. 1,621   40

Economie annuelle sur le fichage et défichage.   . 825   »

Total.   2,446   40

Cette somme économisée excède trois fois le montant des impositions annuelles sur les vignes de cette commune, indépendamment de l'économie première de 40,533 fr.

DÉPARTEMENT DE SEINE-ET-MARNE. — Melun.

NOUVEAU SYSTÉME.

Calcul établi sur 18,025 hectares.

Nombre moyen des ceps par hectare, 24,000. Les ceps plantés à la distance moyenne de 65 cent. (24 *pouces*).

Nombre des échalas, 24,000. Bois de châtaignier ou de chêne. Hauteur moyenne, 1 mètre 30 cent. à 1 mètre 60 cent.

Prix moyen, 1 fr. 50 la botte de 40; 3 fr. 75 le 100; ou 37 fr. 50 le 1,000.

Durée moyenne, trente ans.

Prix d'échalassement par hectare, 900 fr.

Dépense annuelle pour piquage, dépiquage et aiguisage des échalas, par hectare.   .   .   .   .   24 fr.

NOUVEAU SYSTÉME.

Pour 1 hectare : les ceps soutenus par deux lignes de fil de fer superposées.

Fil de fer *recuit,* nᵒ 10, 31,200 m. à raison de 12 fr. 80 les 1,000 mètres.   .   .   .   .   399 36 ⎫
   ⎬   555 fr. 36 c.
Supports : 3,120, à 50 fr. le 1,000.   156   » ⎭

Pour 1 hectare : les ceps soutenus par une ligne de fil de fer.

15,600 m. à raison de 12 fr. 80 les 1,000 mètres.   .   .   .   .   199 68 ⎫
   ⎬   355 fr. 68 c.
Supports : 3,120, à 50 fr. le 1,000.   156   » ⎭

Dépense annuelle pour le placement et déplacement des lignes 12 fr.

SYSTÉME ACTUEL.

Pour 18,025 hectares.

Nombre des échalas, 432,600,000 , à raison de 900 francs par hectare.   .   .   .   .   16,222,500 fr.   » c.

Dépense annuelle pour fichage, défichage, à raison de 24 fr.
par hectare, pour **18,025** hectares. . . . . . . **432,600** fr.

NOUVEAU SYSTÈME.

10,000 hect. à 555 f. 36 c. 5,553,600 » ╮
8,025 hect. à 355 68 2,854,332 » ╯ 8,407,932   »

Economie première. . . . 7,814,568 fr. » c.

Economie annuelle sur le placement et le déplacement des lignes
de fil de fer et des supports, 216,300 fr.

Echalas économisés, 396,362,000.

Intérêts annuels, à 4 p. % de la somme de
4,960,236 fr. . . . . 198,409 fr. »

Sur l'économie annuelle. 216,309   ›

Economie totale annuelle. . . . 414,709 fr. »

OBSERVATION.

Si le montant des impositions sur les vignes dans ce département est de 20 fr. par hectare, alors la somme totale s'éleverait
à 360,509 fr., somme qui serait dépassée par les économies annuelles de 54,209 fr. Mais il est très probable que les avantages
pécuniaires obtenus seront beaucoup plus importants.

Commune de la Chapelle-la-Reine.

Calcul établi sur **100** *hectares.*

Prix de l'échalassement d'un hectare.

Nombre des ceps, 25,000. Les ceps à la distance de 65 centimètres (24 *pouces*).

Nombre d'échalas, 25,000. Bois de chêne. Hauteur, un mètre
30 centimètres à 1 mètre 40 cent. Prix : 6 fr. le 100.

Durée, trente ans.

Prix pour un hectare. . . . . 1,500 fr.

Dépense annuelle pour fichage, défichage et aiguisage, 24 fr.

NOUVEAU SYSTÈME.

Pour 25,000 ceps, à la distance de 65 centimètres, donnent une longueur totale de 16,250 mètres.

Les ceps soutenus par deux lignes de fil de fer.

Système actuel . . . . 1,500 fr. »

Fil de fer nº 10, *recuit*, 32,500 mètres, à 12 fr. 80 c. le 1,000. . . . . . . 416 »

Supports, *un* de 5 en 5 mètres, 3,250, à 5 fr. le 100. . . . . 162 50 } 578 50

Economie. . . . 921 fr. 50

Pour un hectare, dépense annuelle.

Pour placement et déplacement des lignes, 12 fr.

Durée, trente-cinq à quarante ans.

Pour 100 hectares, échalassement à la manière ordinaire. . . . . 150,000 fr. »

A la nouvelle manière. . . . . 57,850 »

Economie. . . . 92,150 fr. »

Dépense annuelle, manière actuelle.

Pour le fichage, défichage et aigui-sage. . . . . 2,400 fr. »

Nouvelle manière. . . . . 1,200 »

Economie. . . . 1,200 fr. »

Résumé.

SYSTÈME ACTUEL.

Nombre d'échalas pour 100 hect., 2,500,000. . 150,000 fr. »

NOUVEAU SYSTÈME.

Fil de fer n° 10, 3,250,000 mètr., à 12 fr. 80
les 1,000 mètres. . . . . . 41,600 »
  Supports : 325,000, à 50 fr. le
1,000. . . . . 16,250 »
                  57,850 »

       Economie première. . . . 92,150 fr. »
  Nombre d'échalas économisés, les supports défalqués, 2,175,000.
  Intérêt annuel, à 4 pour cent
sur 92,150 fr. . . . . 3,686 fr. »
  Economie annuelle pour
fichage et défichage. . . 1,200 »
     Total. . . . . 4,886 fr. »

OBSERVATION.

  Si on évalue le montant annuel des impositions sur la vigne, dans cette commune à 16 f. par hectare, on trouvera qu'il s'élève, pour 100 hectares, à 1,600 fr.; l'économie annuelle serait de 4,800 fr. somme qui dépasserait deux fois le montant des impositions.

DEPARTEMENT DE SAONE-ET-LOIRE.

Commune de Mercuray.

Calcul établi sur **100** *hectares de vignes.*

Prix d'échalassement d'un hectare.

Nombre des ceps, 14,000. Les ceps à la distance de 60 centimètres (**21** *pouces*).

Nombre d'échalas, 14,000. Bois de chêne. Hauteur, 1 mètre 40 c. à 1 mètre 50 cent.

Prix : 4 fr. le 100 ; 40 fr. le 1,000.

Prix pour l'échalassement d'un hectare. . . . 560 fr.

Durée, trente ans.

Dépense annuelle pour fichage, défichage et aiguisage des échalas, 20 fr.

NOUVEAU SYSTÈME.

14,000 ceps, à la distance de 60 cent. 8,400 m. En raison de la vigueur de la végétation, les ceps sont attachés par deux liens, ainsi il faut une 2e ligne de fil de fer, ce qui en réclame 16,800 mètres.

Fil de fer *recuit,* n° 10, 16,800 mètres, à 12 fr. 80 cent. les 1,000 mètres. 215   4 ⎱
Supports : 1,689, à 5 fr. le 100. . . 84   45 ⎰ 299   49

        Economic première. . . . 260 fr. 5

Durée, trente-cinq à quarante ans.

Dépense annuelle pour le placement et le déplacement des lignes, 10 francs.

Prix : système de l'échalassement pour 100 hectares, à 560 fr. . . . . 56,000 fr. «

Nouveau système. 29,904   »

      Economic première. . . 26,096 fr. »

Dépense annuelle, système actuel. **2,000** fr. »
Nouveau système. . . . . . . **1,000** »

Economie. . . **1,000** fr. »

Système actuel, nombre d'échalas. **1,400,000**
Supports à déduire. **167,000**

Echalas économisés. . . **1,233,000**

Intérêt annuel, à 4 p. % de la somme de 26,904 fr. **1,043 84**
Economie sur le fichage et défichage . . . . . **1,000** »

Economie totale. **2,043 84**

DÉPARTEMENT DE LA MARNE.

Commune d'Épernay.

325 hectares de vignes.

Prix de l'échalassement d'un hectare ; nombre de ceps : 16,000, les ceps plantés à la distance de 80 centimètres (30 *pouces*).

Nombre d'échalas : 16,000. Bois de chêne. Hauteur : 1 mètre 50 cent. Prix : 5 f. le 100, 50 f. le 1000.

Pour un hectare. . . . . **800** fr.
Durée, trente-cinq ans.
Dépense annuelle pour fichage et défichage. . . . **16** »

NOUVEAU SYSTÈME.

16,000 ceps, à la distance de 60 centimètres, donnent une longueur de 12,800 mètres.

Les bourgeons peu élevés ne sont accolés qu'à un lien, par conséquent n'exigent qu'une seule ligne de fil de fer n° 10, *recuit*, à 12 fr. 80 c. les mille mètres.

Pour 12,800 mètres . . . . . . **163 86** ⎫ **291 86**
Supports : 2,560 à 5 fr. le 100. . . **128** » ⎭

Placement et déplacement des lignes de fil de fer. 8 fr. »

    Economie première par hectare 508 14

        Economie annuelle . . . 8 »

Dépenses applicables à la commune.

Système actuel d'échalassement pour 325 hectares ,
à raison de 800 fr. par hectare. . . . . . 260,000 »

Dépense annuelle pour fichage et défichage , à
raison de 16 fr. par hectare. . . . . . . 5,210 »

NOUVEAU SYSTÈME D'ÉCHALASSEMENT.

Fil de fer et supports pour 325 hectares 94,852 50
Pour le placement et le déplacement des lignes de
fil de fer . . . . 2,605 »

    Economie première . . . . 165,147 »

  Economie annuelle . . . . . 2,605 »
Nombre des échalas. . . 1,200,000
Nombre des supports . . 832,000

 Echalas économisés . . 4,368,000
Intérêts à 4 p. % de la somme de 165,145 fr. 50 c. 6,605 90
    Somme annuelle économisée . . . . . 2,605 »

    Economie totale annuelle. 9,210 90

Commune d'Épernay.

325 hectares de vignes.

Prix de l'échalassement d'un hectare, les ceps plantés à la distance de 65 centimètres (**24** *pouces*).
Nombre de ceps : **25,000.**

Durée, vingt ans.

Nombre d'échalas : 500 bottes de 50 : 25,000 . 1,250 »

Dépense annuelle pour fichage et défichage. . . 16 »

NOUVEAU SYSTÈME.

Pour un hectare : 25,000 ceps plantés à la distance
de 65 centimètres donnent une longueur totale de
16,250 mètres au prix de 12 fr. 80 c. les
1,000 mètres . . . . 208 »

Nombre des supports, *un* de 5 en 5 mètres, 32 fr. 50 c. à 50 fr. le mille . . . 162 50

380 50

Economie première par hectare . . . . 378 f. 50

Placement et déplacement des lignes . . . . 8 »

Dépenses applicables à la commune.

Système actuel pour 325 hectares.

Nombre d'échalas : 8,125,000 ; prix. . . . 406,250 »

Nouveau système, fil de fer et supports . . . 120,412 »

Economie première . . . . . . 285,838 »

Système actuel, dépense annuelle pour
325 hectares à 16 f. par hect. 5,200 »

Nouveau système . . . 2,600 »

Economie annuelle . 2,600 »

Nombre d'échalas employés . . . 8,125,000

Supports à défalquer 1,066,250

Nombre d'échalas économisés . 7,058,750

Intérêts à 4 p. % de la somme de
285,838 fr. 11,433 52
Somme économisée sur le
fichage et défichage . . . 2,600 »

Économie totale annuelle. 14,033 52

OBSERVATION.

Les deux états précédens, pour la même commune , sont très
différents , quoiqu'ils soient cependant le résultat de rensei-
gnemens obtenus de deux personnes très bien informées, qui ha-
bitent la ville d'Epernay. Cette différence confirme ce que j'ai eu
occasion de dire : c'est que souvent , dans la même commune , le
prix de l'échalassement varie beaucoup eu égard à plusieurs causes
que j'ai fait connaître.

DÉPARTEMENT DE L'YONNE. — Auxerre.

37,543 hectares.—Calcul comparatif établi sur 36,000.

SYSTÈME ACTUEL D'ÉCHALASSEMENT.

Pour un hectare, nombre de ceps 20,000.
Les ceps plantés à la distance de 75 centimètres (28 pouces).
Nombre des échalas ou paisseaux, 20,000.
Nature des bois; 1re qualité, châtaignier, chêne; 2me qualité,
saule marceau , saule ordinaire. Hauteur 1 mètre 25 à 1 mètre
50 centimètres.
Prix : 1re qualité, 3 fr. 75 c. le 100, 37 fr. 50 le 1,000.
Durée trente ans.
Prix de l'échalassement d'un hectare. . . . . 750 fr. »
Dépense annuelle de piquage, dépiquage, par hec-
tare. . . . . 20 fr.

NOUVEAU SYSTÈME.

Pour 1 hectare, 20,000 ceps à la distance de 75 c.
Vignes accolées, à un lien, donnent une longueur
de 15,000 mètres.

Fil de fer, à 12 fr. 80 c. les 1000, m.   192   »
Supports ou forts échalas, pour 15,000   } 342 fr.   »
mètres, 3,000 à 5 fr. le 100.   .   .   .   150   »

Economie.   408   »

Vignes accolées à la manière ordinaire.   .   .   .   .   750 fr.   »
Vignes accolées à deux liens, représentés par deux
lignes de fil de fer superposées, 30,000 mètres, à
12 fr. 80 c.   384   » } 534   »
Supports : 3,000 à 5 fr. le 100.   .   150   »

Economie.   .   .   .   .   .   216 fr.   »

Placement et déplacement des lignes de fil de fer, par hectare,
10 fr.

Résumé.

Calcul applicable au département, pour 36,000 hectares.

SYSTÈME ACTUEL D'ÉCHALASSEMENT.

Nombre moyen de ceps par hectare, 20,000 ; échalas, 20,000.

Pour 36,000 hectares, 720,000,000; prix : 27,000,000 fr.   »
Dépenses annuelles, pour piquage, dépi-
quage et aiguisage des échalas, à 20 francs
par hectare, 720,000 fr.

NOUVEAU SYSTÈME.

1º Pour 18,000 hectares, les ceps soutenus
par deux lignes de fil de fer , avec supports. . . . . 9,612,000 »

2º Pour 18,000 hectares,
les ceps soutenus par une ligne avec supports. . . . 6,156,000 »

15,768,000 fr. »

Economie première. . . . 11,232,000 fr. »

Dépense annuelle pour le placement et déplacement des lignes et
des supports, 360,000 fr.

Les supports des lignes de fil de fer défalqués, il y aurait d'échalas économisés, 612,000,000.

Intérêts à 4 p. % de la somme de 11,232,000 f.   449,280 f. »

Sur la dépense annuelle de piquage et dépiquage des échalas ou paisseaux. . . . . . . 360,000 »

Economie totale. . . . . 809,280 f. »

OBSERVATION.

Très probablement des renseignements plus exacts donneront des
résultats beaucoup plus considérables en faveur du nouveau système
d'échalassement proposé pour remplacer celui actuellement en
usage dans ce département.

VIGNOBLES DU MÉDOC

(DÉPARTEMENT DE LA GIRONDE).

DE L'EMPLOI DES LIGNES DE FIL DE FER, MOBILES,

Placées au printemps et enlevées à l'automne, à la mécanique :

SUBSTITUÉES AUX LATTES POUR SOUTENIR LES CEPS.

Le Médoc fait partie du département de la Gironde. Il se compose de 50 communes et se divise en haut et bas Médoc. C'est dans le haut qu'on récolte les vins les plus estimés. Avec le temps ils gagnent en qualité. Ils conservent un bouquet agréable auquel ils doivent la grande réputation dont ils jouissent. Ces excellents vins sont plus particulièrement produits par les communes de Saint-Estèphe, Saint-Julien, Margaux et Pouillac.

La commune de Saint-Estèphe possède sur son territoire 1,162 hectares de vignes (13,486 *journaux*). Les vignes du Médoc sont cultivées en forme d'espaliers continus. Ces sortes d'espaliers sont faits au moyen de *carrassonnes* (piquets) et de *lattes* (gaulettes) placées transversalement et attachées au haut des carrassonnes. L'élévation de ces espaliers n'est que d'environ

50 centim. (18 à 20 *pouces*). Les grappes sont bien suspendues et très rapprochées de terre sans y toucher. Elles éprouvent tous les bienfaits de la chaleur réfléchie, imprimée au terrain par les rayons du soleil.

Les carrassonnes ou piquets sont faits de bois d'acacia ou de châtaignier. Ces derniers sont les plus employés par la seule raison qu'ils sont plus faciles à avoir. Longueur, 63 à 70 cent. (24 *à* 27 *pouces*), durée 6 à 8 ans. Prix moyen 8 à 9 fr. le 1000.

Lattes. Gaulettes faites de jeunes pins maritimes, *Pinus maritima* de l'âge de 11 ou 12 ans, importés des Landes, longueur moyenne, 3 mètres (9 *pieds*); durée, 3 à 4 ans ; prix, 16 à 17 fr. le 1000. Elles ne sont que rarement dépouillées de leur écorce. Les lattes sont attachées aux carrassonnes avec du *visme* (osier).

Cette manière de diriger les bourgeons de la vigne et de les maintenir très rapprochés de terre est bien conçue. Elle est sans doute le résultat d'une longue expérience. Le seul changement qu'il y aurait à faire dans l'intérêt des propriétaires de vignes, serait de substituer des lignes de fil de fer aux *lattes* (gaulettes), pour soutenir les bourgeons. Leur usage sera tout aussi convenable et après une certaine période de temps écoulée, il en résultera une très grande économie. Un autre avantage bien à considérer, c'est qu'elles ne donneront pas lieu à la multiplication de la *Chèvre* (Pyrale), insecte qui dans certaines années cause un préjudice considérable aux vignes. Cet in -

secte destructeur sous l'écorce en partie desséchée et détachée des lattes y trouve un lieu de refuge très favorable au dépôt des œufs des papillons qui lui donnent naissance.

Cette substitution de lignes de fil de fer aux lattes paraît avoir déjà été essayée, mais elles ont toujours été abandonnées, et cela parce qu'elles avaient été placées pour rester à demeure *toute l'année dans la vigne* comme le sont les lattes. Cette permanence entraînait des empêchements ou des embarras à l'époque de la taille et pour les autres travaux. Elles ont donc été abandonnées pour cette seule raison.

L'emploi du moulinet ou dévidoir, soit pour placer les lignes de fil de fer dans le courant du mois qui suit la taille, soit pour les enlever après les vendanges faites, lève toutes les objections. Par ces résultats il répond à toutes les exigences, car avec le dévidoir on peut placer au printemps et enlever à l'automne une longeur de plus de 1000 mètres (3000 *pieds*) en moins de deux heures.

L'absence des lignes de fil de fer dans les vignes, pendant sept mois de l'année, doit beaucoup faciliter les travaux qu'il y a à faire dans ce long intervalle de temps, et aussi contribuer à sa conservation, parce qu'alors il n'est pas exposé à la pluie.

Le calcul suivant sous le seul rapport de l'économie en argent par le remplacement des lattes au moyen de lignes de fil de fer, sera bien suffisant pour engager quelques propriétaires à en faire l'essai. Essai dont la dépense pour une longueur d'environ 500 mètres n'excédera pas 8 à 9 francs.

PRIX COMPARATIF

Entre la manière actuelle de soutenir les vignes dans le Médoc, et celle proposée pour la remplacer, calculé pour une période de 36 ans, moindre durée des fils de fer.

Commune de Saint-Estèphe.

1,162 hectares (3,486 *journaux* de 33 *ares* 33 *centiares*).

SYSTÈME ACTUEL.

Par hectare, 11,400 ceps ; les ceps à la distance de 92 centimètres (33 *pouces*).

80 faix (*paquets*) de lattes, chacun de 50 lattes. Nombre : 4,200 à 80 c. par faix	67	20
Attaches des lattes	9	»
Par hectare (3 *journaux*)	76	20
Cette dépense est à renouveler tous les quatre ans, ou neuf fois en 36 ans. Par hectare	685	80

NOUVEAU SYSTÈME.

11,400 ceps à la distance de 92 centim. (33 *pouces*) donnent une longueur de 10,488 mètres. Pour cette longueur il faut 198 kilogrammes de fil de fer nº 12, *recuit*, au prix de 80 cent. par kilogramme. Le kilogramme donnant une ligne de 53 mètres, revient à .	158	40		
Dépense annuelle pour le placement et le déplacement des lignes, à raison de 6 fr. par hectare	216	»		
	374	40	374	40
Économie par hectare en 36 ans			311	40

SYSTÈME ACTUEL APPLICABLE A LA COMMUNE.

Pour 1,162 hectares au prix de 685 fr. 80 c. par
hectare 796,899 60

Nouveau système à raison de 374 fr. 40 c. en
36 ans pour 1,162 hectares. 435,052 80

Economie en 36 ans 361,846 80

Par an, pour 1,162 hectares, 10,051 fr. 30 cent.

Nombre de lattes employées en 36 ans par
hectare, 4,200 à renouveler neuf fois en 36 ans. 37,800 lattes.

Pour 1,162 hectares nombre des lattes. . 43,923,000

Fil de fer, 198 kilogrammes (396 *livres*) par
hectare, 10,488 mètres pour 1,162 hectares. 12,187,056 mètres.

OBSERVATION.

Si toutes les vignes du Médoc sont soutenues comme celles de la commune de Saint-Estèphe, et que le nombre d'hectares en soit vingt fois de ce qu'il est pour cette commune, alors il serait de 23,240. Ce nombre d'hectares porterait la consommation annuelle des lattes à plus de 24,000,000. Par l'adoption de lignes de fer, les lattes disparaîtraient en moins de dix ans, ce qui aurait pour résultat une immense économie, indépendamment des avantages attachés à leur emploi.

BASE DU PRIX DE REVIENT

DE LA

NOUVELLE MANIÈRE DE SOUTENIR LES VIGNES BASSES

DES VIGNOBLES,

au moyen de lignes de fil de fer, mobiles.

Fil de fer *recuit*, n° 10, le kilog. (2 livres) donne une longueur de 70 mètres (215 *pieds*). Prix . . . . . . » 90

Supports, ou forts échalas, au prix de 5 fr. le cent, un de 5 en 5 mètres, pour 70 mètres. . . . . » 70

Fil de fer et Supports pour une longueur de 70 mètres. 1 60

Pour une seconde ligne superposée quand il en est nécessaire . . . . » 90

Total. 2 50

Ou encore, pour faciliter ce calcul, pour une longueur ou rangée de 100 mètres, les ceps accolés à une seule ligne, avec supports. 2 28

Les ceps accolés à deux lignes, avec supports . . . 3 57

PREMIER TABLEAU.

—

PRIX

Établi en raison de la longueur totale des rangées
de ceps, plus ou moins longues.

———

Les rangées plus ou moins écartées et les ceps plus
ou moins rapprochés sur les lignes ou rangées, n'ap-
portent aucune différence.

EXEMPLE.

ANTOINE a une pièce de vignes plantée ou à planter
par rangées parallèles ; elle se compose ou se compo-
sera de 25 rangées ou lignes de ceps , chacune de la
longueur de 40 mètres ; longueur totale : 1,000 mètres (3,073 *pieds*). Il trouvera qu'il lui faut : fil de
fer, 14 kilog. 280 gr. (28 *livres* 12 *onces*), prix : 12 fr.
80 c. ; 200 supports, ou forts échalas, prix : 10 fr. Si
la vigne n'a besoin d'être attachée qu'à *un* lien repré-
senté par une seule ligne de fil de fer, la dépense
sera de 22 fr. 80 c. ; mais si, à cause de la force de la
végétation, les bourgeons demandent à être accolés à
deux liens, une seconde ligne de fil de fer deviendra
nécessaire ; alors, pour 1,000 mètres, elle sera de
35 fr. 70 cent.

———

1er Tableau. — PRIX établi en raison de la longueur des lignes ou rangées de ceps.

Longueur des Lignes de ceps		POIDS		Prix du Fil de fer.		Nombre de Supports	Prix des Supports.		Prix du Fil fer et des Supports			
		en grammes.	en livres.						à une ligne		à deux lignes.	
en mètres.	en pieds.	kil. gr.	liv.	fr.	c.		fr.	c.	fr.	c.	fr.	c.
10—	30	142—	4	»	13	2 —	»	10	» 23—		»	36
20—	60	284—	9	»	26	4 —	»	20	» 46—		»	72
25—	75	357—	11	»	32	5 —	»	25	» 57 —		»	89
40—	120	568—	1.02	»	52	8 —	»	40	» 92—		1	44
50—	150	714—	1.07	»	64	10 —	»	50	1 14—		1	78
100—	308	1.428—	2.14	1	28	20 —	1	»	2 28—		3	57
150—	458	2.142—	4.05	1	92	30 —	1	50	3 42—		5	35
200—	616	2.856—	5.12	2	56	40 —	2	»	4 56—		7	14
300—	926	4.284—	8.10	3	84	60 —	3	»	6 84—		10	70
400—	1234	5.712—	11.08	5	12	80 —	4	»	9 12—		14	28
500—	1541	7.140—	14.06	6	40	100 —	5	»	11 40—		17	85
1000—	3078	14.280—	28.12	12	80	200 —	10	»	22 80—		35	70
1100—	3389	15.708—	31.10	14	8	220 —	11	»	25 8—		39	27
1200—	3696	17.136—	34.08	15	36	240 —	12	»	27 36—		42	84
1300—	4003	18.564—	37.06	16	64	260 —	13	»	29 64—		46	41
1400—	4310	19.992—	40.04	17	92	280 —	14	»	31 92—		49	98
1500—	4617	21.420—	43.04	19	20	300 —	15	»	34 20—		53	55
2000—	6164	28.560—	57.08	25	60	400 —	20	»	45 60—		71	40
3000—	9246	42.840—	86.04	38	40	600 —	30	»	68 40—		107	10
4000—	12328	57.120—	115.00	51	20	800 —	40	»	91 20—		142	80
5000—	15410	71.400—	143.12	64	»	1000 —	50	»	114 »—		178	50

Suite du 1er Tableau.

Longueur des Lignes de ceps		POIDS		Prix du Fil de fer.	Nombre de Supports.	Prix des Supports.	Prix du Fil fer et des Supports	
en mètres.	en pieds.	en grammes. kil. gr.	en livres. liv.	fr.　c.		fr.　c.	à une ligne. fr.　c.	à deux lignes. fr.　c.
10000—	30820	142.800—	287.08	128　»	2000　—	100　»	228　»—	357　»
11000—	33902	157.080—	316.04	140　80	2200　—	110　»	250　80—	392　70
12000—	36984	171.360—	345.00	153　60	2400　—	120　»	273　60—	428　40
13000—	40066	185.640—	373.12	166　40	2600　—	130　»	296　40—	464　10
14000—	43148	199.920—	402.08	179　20	2800　—	140　»	319　20—	499　80
15000—	46230	214.200—	431.04	192　»	3000　—	150　»	342　»—	535　50
20000—	61640	285.600—	574.00	256　»	4000　—	200　»	456　»—	714　»
25000—	77050	357.000—	717.12	320　»	5000　—	250　»	570　»—	892　50
50000—	154100	714.000—	1429.08	640　»	10000　—	500　»	1140　»—	1785　»
100000—	308200	1428.000—	2859.00	1,280　»	20000　—	1000　»	2280　»—	3570　»

DEUXIÈME TABLEAU.

—

PRIX

Établi en raison de l'espace donné entre les ceps.

EXEMPLE.

PAUL est dans l'intention de planter une pièce de vignes sur laquelle devront être plantés 12,000 ceps. Les ceps, à la distance de 65 centimètres (24 *pouces*). Il consultera la table n° 4. Si la végétation n'est pas très forte, alors il suffira que les bourgeons soient accolés par un seul lien, ce qui, dans ce cas, n'exigera qu'une seule ligne de fil de fer. Il trouvera que 12,000 ceps à cette distance occupent une longueur de 7,800 mètres (24,000 *pieds*) qui exigent 111 kilogrammes de fil de fer (225 *livres*), prix : 98 fr. 40 c.; 1,560 supports, prix : 78 fr. Dépense totale : 176 fr. 40 c. S'il est au contraire nécessaire, eu égard à la force de la végétation, que les ceps soient soutenus par une seconde ligne superposée, alors la dépense sera de 274 fr. 80 c.

Nº 1. — Les ceps à 40 centimètres (14 *pouces*).

NOMBRE DE CEPS.	DISTANCE		POIDS.		PRIX du Fil de fer.	NOMBRE DE SUPPORTS.	PRIX DES SUPPORTS.	Prix du Fil de fer et des Supports	
	en mètres.	en pieds.	en grammes.	en livres.	fr. c.		fr. c.	à 1 ligne.	à 2 lignes.
50	20—	81	kil. 285 gr.	— liv. 9	25 1/2	1—	20	f.45 c.	1f.71c
100	40—	123	571	— 1. 2	51	8—	40	91	1 42
150	60—	184	856 1/2	— 1.11	76 1/2	12—	60	1 36	2 13
200	80—	286	1.142	— 2.04	1 02	16—	80	1 82	2 84
300	120—	369	1.713	— 3.06	1 53	24—	1 20	2 73	4 26
400	160—	492	2.284	— 4.08	2 04	32—	1 60	3 64	5 68
500	200—	615	2.855	— 5.10	2 55	40—	2 »	4 55	7 10
1000	400—	1231	5.710	— 11.04	5 10	80—	4 »	9 10	14 20
2000	800—	2700	11.420	— 22.08	10 20	160—	8 »	18 20	28 40
3000	1200—	3931	17.130	— 33.12	15 30	240—	12 »	27 30	42 60
4000	1600—	4925	22.840	— 45.00	20 40	320—	16 »	36 40	56 80
5000	2000—	6150	28.550	— 56.04	25 50	400—	20 »	45 50	71 »
6000	2400—	7381	34.260	— 67.08	30 60	480—	24 »	54 60	85 20
7000	2800—	8612	39.970	— 78.12	35 70	560—	28 »	63 70	99 40
8000	3200—	9850	45.680	— 90.00	40 88	640—	32 »	72 80	113 60
9000	3600—	11082	51.390	—101.04	45 90	720—	36 »	81 90	127 80
10000	4000—	12313	57.100	—112.08	51 »	800—	40 »	91 »	142 »
12000	4800—	14775	68.520	—135.00	61 20	960—	48 »	109 20	170 40
14000	5600—	17239	79.940	—157.08	71 40	1120—	56 »	127 40	198 80
16000	6400—	15701	91.360	—180.00	81 60	1280—	64 »	145 60	227 20
18000	7200—	22164	102.780	—202.08	91 80	1440—	72 »	163 80	255 60
20000	8000—	24627	114.200	—225.00	102 »	1600—	80 »	182 »	284 »
22000	8800—	27327	125.620	—247.08	112 20	1760—	88 »	200 20	312 40
24000	9600—	29553	137.040	—270.00	122 40	1920—	97 »	218 40	340 80
25000	10000—	30784	142.750	—281.04	127 50	2000—	100 »	227 50	355 »
50000	20000—	61568	285.500	—562.08	255 »	4000—	200 »	455 »	710 »

No 2. — Les ceps à 50 centimètres (18 *pouces*.)

NOMBRE DE CEPS.	DISTANCE		POIDS		PRIX du Fil de fer		NOMBRE DE SUPPORTS.	PRIX DES SUPPORTS.		Prix du Fil de fer et des Supports	
	en mètres.	en pieds.	en grammes.	en livres.	fr.	c.		fr.	c.	à 1 ligne.	à 2 lignes.
50	25—	76 1/2	kil. 355 gr. liv. 11		0	32	5—		25	f.57 c.	f.89 c.
100	50—	153	710—	1.06	0	64	10—		50	1 14	1 78
150	75—	229	1.065—	2.01	0	96	15—		75	1 71	2 67
200	100—	307	1.420—	2.12	1	28	20—	1	»	2 28	3 57
300	150—	459	2.130—	4.02	1	92	30—	1	50	3 42	5 34
400	200—	612	2.840—	5.08	2	56	40—	2	»	4 56	7 12
500	250—	765	3.550—	6.14	3	20	50—	2	50	5 70	8 90
1000	500—	1530	7.100—	14.12	6	40	100—	5	»	11 40	17 80
2000	1000—	3060	14.200—	27.08	12	80	200—	10	»	22 80	35 60
3000	1500—	4590	21.300—	41.04	19	20	300—	15	»	34 20	53 40
4000	2000—	6120	28.400—	55.00	25	60	400—	20	»	45 60	71 20
5000	2500—	7650	35.500—	71.12	32	»	500—	25	»	57 »	89 »
6000	3000—	9180	42.600—	83.08	38	40	600—	30	»	68 40	106 80
7000	3500—10710		49.700—	97.04	44	80	700—	35	»	79 80	124 60
8000	4000—12240		56.800—111.00		51	20	800—	40	»	91 20	142 40
9000	4500—13770		63.900—124.12		57	60	900—	45	»	102 60	160 20
10000	5000—15392		71.000—145.00		64	»	1000—	50	»	114 »	178 »
12000	6000—18360		85.200—167.00		76	80	1200—	60	»	136 80	213 60
14000	7000—21420		99.400—194.08		89	60	1400—	70	»	159 60	249 20
16000	8000—24480		113.600—222.00		102	40	1600—	80	»	182 40	284 80
18000	9000—27540		127.800—249.08		115	20	1800—	90	»	205 20	320 40
20000	10000—30660		142.000—278.00		128	»	2000—	100	»	228 »	356 »
22000	11000—33660		156.200—305.08		140	80	2200—	110	»	250 80	391 60
24000	12000—36720		170.400—333.00		153	60	2400—	120	»	273 60	427 20
25000	12500—38250		177.500—346.12		160	»	2500—	125	»	285 »	445 »
50000	25000—76500		355.000—693.08		320	»	5000—	250	»	570 »	890 »

N° 3. — Les ceps à 60 centimètres (21 *pouces*).

NOMBRE DE CEPS.	DISTANCE		POIDS		PRIX du Fil de fer.		NOMBRE DE SUPPORTS.	PRIX DES SUPPORTS.		Prix du Fil de fer et des Supports	
	en mètres.	en pieds.	en grammes.	en livres.	fr.	c.		fr.	c.	à 1 ligne.	à 2 lignes.
50	30—	92	426 gr.	14	»	38	6—	»	30	»f.68 c.	1f. 6 c
100	60—	184	852—	1.12	»	76	12—	»	60	1 36	2 12
150	90—	276	kil. 1.270—	2.10	1	14	18—	»	90	2 4	3 18
200	120—	368	1.704—	3.08	1	52	24—	1	20	2 72	4 24
300	180—	552	2.556—	5.04	2	28	36—	1	80	4 8	6 36
400	240—	736	3.408—	7.00	3	4	48—	2	40	5 44	8 48
500	300—	923	4.260—	8.12	3	80	60—	3	»	6 80	10 50
1000	600—	1047	8.520—	17.08	7	60	120—	6	»	13 60	21 »
2000	1200—	3680	17.040—	35.00	15	20	240—	12	»	27 20	42 40
3000	1800—	5520	25.560—	52.08	22	80	360—	18	»	40 80	63 60
4000	2400—	7360	34.080—	70.00	30	40	480—	24	»	54 40	84 80
5000	3000—	92235	42.600—	87.08	38	»	600—	30	»	68 »	106 »
6000	3600—	11040	51.120—	105.00	45	60	720—	36	»	81 60	127 20
7000	4200—	12880	59.640—	122.02	53	20	840—	42	»	95 20	148 40
8000	4800—	14720	68.160—	140.00	60	30	960—	48	»	108 80	169 60
9000	5400—	16560	76.680—	157.08	68	40	1080—	54	»	122 40	190 80
10000	6000—	18470	85.200—	175.00	76	»	1200—	60	»	136 »	212 »
12000	7200—	22080	102.240—	210.00	91	20	1440—	72	»	163 20	254 40
14000	8400—	25760	119 280—	245.00	106	40	1680—	84	»	190 40	296 80
16000	9600—	29440	136.320—	280.00	121	60	1920—	9h	»	217 68	339 20
18000	10800—	33120	153.360—	315.00	136	80	2160—	108	»	244 80	381 60
20000	12000—	36800	170.400—	350.00	152	»	2400—	120	»	272 »	424 »
22000	13200—	40480	187.440—	385.00	167	20	2640—	132	»	299 20	466 40
24000	14400—	44160	204.480—	420.00	182	40	2880—	144	»	326 40	508 80
25000	15000—	46175	213.000—	437.00	190	»	3000—	154	»	340 »	530 »
50000	30000—	92000	426.000—	875.00	380	»	6000—	300	»	680 »	1060 »

N° 4. — Les ceps à 65 centimètres (24 pouces).

NOMBRE DE CEPS.	DISTANCE		POIDS		PRIX du Fil de fer.		NOMBRE DE SUPPORTS.	PRIX DES SUPPORTS.		Prix du Fil de fer et des Supports	
	en mètres.	en pieds.	en grammes.	en livres.	fr.	c.		fr.	c.	à 1 ligne.	à 2 lignes.
50	32 1/2	100	kil. 462 gr.	15	»	41	6—	»	32	»f.73 c.	1f.14
100	65—	200	925—	1.14	»	82	13—	»	65	1 47	2 29
150	97 1 2	300	1.387—	2.13	1	23	19—	»	97	2 20	3 43
200	130—	400	1.850—	3.12	1	64	26—	1	30	2 94	4 58
300	195—	600	2.775—	5.10	2	46	39—	1	95	4 41	6 87
400	260—	800	3.700—	7.08	3	28	52—	2	60	5 88	9 16
500	325—	1000	4.625—	9.06	4	10	65—	3	25	7 35	11 45
1000	650—	2000	9.250—	18.12	8	20	130—	6	50	14 70	22 90
2000	1300—	4000	18.500—	37.08	16	40	260—	13	»	29 40	45 80
3000	1950—	6000	27.750—	56.04	24	60	390—	19	50	44 10	68 70
4000	2600—	8000	37.000—	75.00	32	80	520—	26	»	58 80	91 60
5000	3250—	10000	46.250—	93.12	41	»	650—	32	50	73 50	114 50
6000	3900—	12000	55.500—	112.08	49	20	780—	39	»	88 20	137 40
7000	4550—	14000	64.750—	131.04	57	40	910—	45	50	102 90	160 30
8000	5200—	16000	74.000—	150.00	65	60	1040—	52	»	117 60	183 20
9000	5850—	18000	83.250—	168.12	73	80	1170—	58	50	132 30	206 10
10000	6500—	20000	92.500—	187.08	82	»	1300—	65	»	147 »	229 »
12000	7800—	24000	111.000—	225.00	98	40	1560—	78	»	176 40	274 80
14000	9100—	28000	129.500—	262.08	114	80	1820—	91	»	205 80	320 60
16000	10400—	32000	148.000—	300.00	131	20	2080—	104	»	235 20	366 40
18000	11700—	36000	166.500—	337.08	147	60	2340—	117	»	264 60	412 20
20000	13000—	40000	185.000—	375.00	164	»	2600—	130	»	294 »	458 »
22000	14300—	44000	203.500—	412.08	180	40	2860—	143	»	323 40	503 80
24000	15600—	48000	222.000—	450.00	196	80	3120—	156	»	352 80	549 60
25000	16250—	50000	231.250—	468.12	205	»	3250—	162	»	367 50	572 50
50000	32500—100000		462.500—	937.08	410	»	6500—	325	»	735 »	1145 »

Nᵒ 5. — Les ceps à 75 centimètres (27 *pouces*).

NOMBRE DE CEPS.	DISTANCE		POIDS		PRIX du Fil de fer.	NOMBRE DE SUPPORTS.	PRIX DES SUPPORTS.	Prix du Fil de fer et des Supports	
	en mètres.	en pieds.	en grammes.	en livres.	fr. c.		fr. c.	à 1 ligne.	à 2 lignes.
50	37 1/2	115	kil. 533 — gr. 1.01		47	5 —	37	f.85 c.	1f.32 c
100	75 —	230	1.067 —	2.02	95	15 —	75	1 70	2 65
150	112 —	345	1.600 —	3.03	1 42	22 —	1 12	2 55	3 97
200	150 —	460	2.134 —	4 04	1 90	30 —	1 50	3 40	5 30
300	225 —	690	3.201 —	6.07	2 85	45 —	2 25	5 10	7 95
400	300 —	920	4.268 —	8.08	3 80	60 —	3 »	6 80	10 60
500	375 —	1150	5.335 —	10 .11	4 75	75 —	3 75	8 50	13 25
1000	750 —	2300	10.670 —	21.06	9 50	150 —	7 50	17 »	26 50
2000	1500 —	4600	21.340 —	42.12	19 »	300 —	15 »	34 »	53 »
3000	2250 —	6900	32.010 —	64.02	28 50	450 —	22 50	51 »	79 50
4000	3000 —	9200	42.680 —	85.08	38 »	600 —	30 »	68 »	106 »
5000	3750 —	11500	53.350 —	106.14	47 50	750 —	37 50	85 »	132 50
6000	4500 —	13800	64.020 —	128.04	57 »	900 —	45 »	102 »	159 »
7000	5250 —	16100	74.690 —	149.10	66 50	1050 —	52 50	119 »	185 50
8000	6000 —	18400	85.360 —	171.00	76 »	1200 —	60 »	136 »	212 »
9000	6750 —	20700	96.030 —	192.06	85 50	1350 —	67 50	153 »	238 50
10000	7500 —	23000	106.700 —	213.12	95 »	1500 —	75 »	170 »	265 »
12000	9000 —	27600	128.040 —	256.08	114 60	1800 —	90 »	204 »	318 »
14000	10500 —	32200	149.380 —	299.04	123 »	2100 —	105 »	238 »	371 »
16000	12000 —	36800	170.720 —	342.00	152 »	2400 —	120 »	272 »	424 »
18000	13500 —	41400	192.060 —	384.12	171 »	2700 —	135 »	306 »	477 »
20000	15000 —	46000	213.400 —	427.08	190 »	3000 —	150 »	340 »	530 »
22000	16500 —	50600	234.740 —	470.04	209 »	3300 —	165 »	374 »	583 »
24000	18000 —	55200	256.080 —	513.00	228 »	3600 —	180 »	408 »	636 »
25000	18750 —	57500	266.750 —	534.06	237 50	3750 —	187 50	425 »	662 50
50000	37500 —	115000	533.500 —	1068.12	475 »	7500 —	875 »	850 »	1325 »

No 6. — Les ceps à 80 centimètres (30 *pouces.*)

NOMBRE DE CEPS.	DISTANCE en mètres.	en pieds.	POIDS en grammes.	en livres.	PRIX du Fil de fer fr.	c.	NOMBRE DE SUPPORTS.	PRIX DES SUPPORTS. fr.	c.	Prix du Fil de fer et des Supports à 1 ligne.	à 2 lignes.
50	40—	123	kil. 565 gr. —	liv.1.02		50	8—		40	f.90 c.	1f.41 c.
100	80—	246	1.130 —	2.04	1	»	16—		80	1 81	2 82
150	120—	369	1.695 —	3.06	1	51	24—	1	20	2 72	4 23
200	160—	492	2.260 —	4.08	2	02	32—	1	60	3 62	5 64
300	240—	738	3.390 —	6.12	3	04	48—	2	40	5 44	8 46
400	320—	984	4.520 —	9.00	4	04	64—	3	20	7 24	11 28
500	400—	1230	5.650 —	11.04	5	06	80—	4	»	9 6	14 10
1000	800—	2460	11.300 —	22.08	10	10	160—	8	»	18 10	28 20
2000	1600—	4920	22.600 —	45.00	20	20	320—	16	»	36 20	56 40
3000	2400—	7380	33.900 —	67.08	30	30	480—	24	»	54 30	84 60
4000	3200—	9840	45.200 —	90.00	40	40	640—	32	»	72 40	112 80
5000	4000—	12300	56.560 —	112.08	50	50	800—	40	»	90 50	141 »
6000	4800—	14760	67.800 —	135.00	60	60	960—	48	»	108 60	169 20
7000	5600—	17220	79.100 —	157.08	70	70	1120—	56	»	126 70	197 40
8000	6400—	19680	90.400 —	180.00	80	80	1280—	64	»	144 80	225 60
9000	7200—	22140	101.700 —	202.08	90	90	1440—	72	»	162 90	253 80
10000	8000—	24600	113.000 —	225.00	101	»	1600—	80	»	181 »	282 »
12000	9600—	29500	135.600 —	270.00	121	20	1920—	96	»	217 20	338 40
14000	11200—	34440	158.260 —	315.00	141	40	2240—	112	»	253 40	394 80
16000	12800—	39360	180.000 —	360.00	161	60	2560—	128	»	289 60	451 20
18000	14400—	44280	203.400 —	405.00	181	80	2880—	144	»	325 80	507 60
20000	16000—	49200	226.000 —	450.00	202	»	3200—	160	»	362 »	564 »
22000	17600—	54120	248.600 —	495.00	222	20	3520—	176	»	398 20	620 40
24000	19200—	59040	271.200 —	540.00	242	40	3840—	192	»	434 40	676 80
25000	20000—	61500	282.500 —	562.08	252	50	4000—	200	»	452 50	705 »
50000	40000—123000		565.000 —	1125.00	505	»	8000—	400	»	905 »	1410 »

Nº 7. — Les ceps à 100 centimètres (36 *pouces*).

NOMBRE DE CEPS.	DISTANCE		POIDS.		PRIX du Fil de fer.		NOMBRE DE SUPPORTS.	PRIX DES SUPPORTS.		Prix du Fil de fer et des Supports	
	en mètres.	en pieds.	en grammes.	en livres.	fr.	c.		fr.	c.	à 1 ligne.	à 2 lignes.
50	50—	154	kil. 706 gr. —	liv. 1.07		64	10—		50	1f.14 c.	1f.78 c.
100	100—	308	1.412	— 2.14	1	28	20—	1	»	2 28	3 57
150	150—	462	2.118	— 4.05	1	92	30—	1	50	3 42	5 35
200	200—	616	2.824	— 5.12	2	56	40—	2	»	4 56	7 14
300	300—	924	4.236	— 8.10	3	84	60—	3	»	6 84	10 70
400	400—	1232	5.648	— 11.08	5	12	80—	4	»	9 12	14 28
500	500—	1540	7.060	— 14.06	6	40	100—	5	»	11 40	17 85
1000	1000—	3080	14.120	— 28.12	12	80	200—	10	»	22 80	35 10
2000	2000—	6160	28.240	— 56.08	25	60	400—	20	»	45 60	71 20
3000	3000—	9240	42.360	— 85.04	38	40	600—	30	»	68 40	106 80
4000	4000—	12320	56.480	— 113.00	51	20	800—	40	»	91 20	142 40
5000	5000—	15400	70.500	— 141.12	64	»	1000—	50	»	114 »	178 »
6000	6000—	18480	84.720	— 170.08	76	80	1200—	60	»	136 80	213 60
7000	7000—	21560	98.840	— 198.04	89	60	1400—	70	»	159 60	249 20
8000	8000—	24640	112.960	— 226.00	102	40	1600—	80	»	182 40	284 80
9000	9000—	27720	127.080	— 254.12	115	20	1800—	90	»	205 20	320 40
10000	10000—	30800	141.200	— 283.08	128	»	2000—	100	»	228 »	356 »
12000	12000—	36960	169.440	— 340.00	153	60	2400—	120	»	273 60	427 20
14000	14000—	43120	197.680	— 396.00	179	20	2800—	140	»	319 20	498 40
16000	16000—	49280	225.920	— 452.08	204	80	3200—	160	»	364 80	569 60
18000	18000—	55440	254.160	— 509.08	230	40	3600—	180	»	410 40	640 80
20000	20000—	61600	382.400	— 567.00	256	»	4000—	200	»	456 »	712 »
22000	22000—	67760	310.040	— 623.08	281	60	4400—	220	»	501 60	783 20
24000	24000—	73920	338.180	— 679.00	307	20	4800—	240	»	547 20	854 40
25000	25000—	77000	353.000	— 707.12	320	»	5000—	250	»	570 »	890 »
50000	50000—	154000	686.000	--1415.08	640	»	10000—	500	»	1140 »	1780 »

CONVERSION

DES NOUVELLES ET DES ANCIENNES MESURES.

Réduction des Arpents en Hectares et des Hectares en Arpents.

ARPENTS. (La perche à 18 pieds.)

Perches.	Ares.	Centiares.
1	0	34
2	0	68
3	1	02
4	1	37
5	1	71
10	3	42
20	6	83
25	8	54
50	17	08

Arpents.	Hectares.	Ares.
1	0	34
2	0	68
3	1	00
4	1	36
5	1	70
10	3	44
100	34	18

Hectares.	Arpents (18 p. par perche).	
1	2 a p.	92 perch.
2	5	84
3	8	77
4	11	69
5	14	62
10	29	24
100	292	49

ARPENTS. (La perche à 22 pieds).

Perches.	Ares.	Centiares.
1	0	51
2	1	02
3	1	53
4	2	04
5	2	55
10	5	10
150	25	52

Arpents.	Hectares.	Ares.
1	0	51
2	1	02
3	1	53
4	2	04
5	2	55
10	5	10
50	25	51
100	51	03

Hectares.	(Arpents à 22 pieds).	
1	1 arp.	95 perch.
2	3	31
3	5	87
4	7	83
5	9	79
10	19	58
100	195	80

CONVERSION

DES POIDS NOUVEAUX EN ANCIENS, ET DES ANCIENS EN NOUVEAUX.

Grammes.	Livres.	Onces.	Gros.	Onces.	Grammes.	Centigr.
40 —	0 —	1 —	2	1 —	30 —	59
50 —	0 —	1 —	5	2 —	61 —	19
100 —	0 —	3 —	2	3 —	91 —	78
200 —	0 —	6 —	4	4 —	122 —	»
300 —	0 —	9 —	6	5 —	153 —	»
400 —	0 —	13 —	»	6 —	184 —	»
500 —	1 —	0 —	»	7 —	214 —	»
680 —	1 —	3 —	»	8 —	245 —	»
800 —	1 —	10 —	»	16 —	489 —	»
900 —	1 —	13 —	»			
1,000 —	2 —	00 —	»			

Kilogr.		Livres.	Livres.		Kilogr.
1	—	2	2	—	1
2	—	4	4	—	2
3	—	6	8	—	4
4	—	8	10	—	5
5	—	10	20	—	10
6	—	12	40	—	20
7	—	14	50	—	25
8	—	16	100	—	50
9	—	18	200	—	100
10	—	20	300	—	150
20	—	40	400	—	200
30	—	60	500	—	250
40	—	80	1,000	—	500
50	—	100	5,000	—	2,500
100	—	200	10,000	—	5,000

REDUCTION

DES CENTIMÈTRES EN POUCES ET DES POUCES EN CENTIMÈTRES.

Centimètres.	Pieds.	Pouces.	Lignes.	Pouces.	Centimètres.
1	»	»	4	1	2
2	»	»	8	2	5
3	»	1	1	3	8
4	»	1	5	4	10
5	»	1	10	5	13
10	»	3	8	6	16
15	»	5	6	8	21
20	»	7	4	10	27
25	»	9	2	11	29
50	1	6	5	12	34
75	2	3	7	24	64
80	2	5	6	36	96

RÉDUCTION DES MÈTRES EN PIEDS.

Mètres.	Pieds.	Pouc.	Lig.	Mètres.	Pieds.	Pouc.	Lig.
1	3	»	11	35	107	8	11
2	6	1	10	40	123	1	7
3	9	2	9	45	138	6	4
4	12	3	9	50	153	11	»
5	15	4	8	75	230	10	7
6	18	5	7	100	307	10	1
7	21	6	7	500	1,539	2	8
8	24	7	6	1,000	3,078	5	4
9	27	8	5	5,000	15,392	2	8
10	30	9	4	10,000	30,784	5	4
15	46	2	1	20,000	61,568	10	8
20	61	6	9	25,000	76,961	1	4
25	76	11	6	50,000	153,922	2	8
30	92	4	2	100,000	307,845	5	»

TABLE.